高校入試

中学3年分を
たった7日で
総復習 数学

\\改訂版//

>>> Review in 7 Days

Gakken

もくじ
Contents

1 日目　　**数と式 ①** ············· 4
数と計算, 式と計算, 平方根

2 日目　　**数と式 ②** ············· 8
式の展開, 因数分解, 式の利用

3 日目　　**方程式** ············· 12
1次方程式, 連立方程式, 2次方程式

4 日目　　**関数** ············· 16
比例・反比例, 1次関数, 2乗に比例する関数

5 日目　　**図形 ①** ············· 20
作図, 図形の計量, 空間図形, 角の大きさ

6 日目　　**図形 ②** ············· 24
証明問題, 相似, 三平方の定理

7 日目　　**データの活用** ············· 28
データの分析, 確率, 標本調査

□ **模擬試験** 第 1 回 ············· 32
□ **模擬試験** 第 2 回 ············· 36

■ 〈巻末資料〉**重要公式・定理のまとめ** ············· 40

◎ **解答と解説** ★切り離して使うことができます。 ············· 45

「1日分」は4ページ。効率よく復習しよう！

Step-1 >>> | 基本を確かめる |

分野別に，基本事項を書き込んで確認します。入試で必ずおさえておくべき要点を厳選しているので，効率よく学習できます。

Step-2 >>> | 実力をつける |

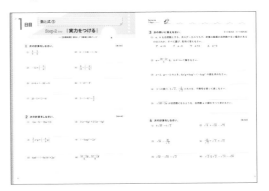

Step-1で学習した内容について，実戦的な問題を解いていきます。
まちがえた問題は解説をよく読んで，もう一度解いてみましょう。

 入試対策に役立つ！

模擬試験

3年分の内容から出題した，入試問題に近い形式の試験です。学習した内容が身についているか，確かめられます。
実際に入試を受けているつもりで，挑戦しましょう。

巻末資料

入試によく出る公式・定理をまとめています。入試前に見直しましょう。

公式・定理　暗記ミニブック

巻頭に，暗記ミニブックが付いています。切り取って使いましょう。公式・定理を「一問一答式」で覚えられるので，入試前の最終チェックにも役立ちます。

数と式 ①
数と計算，式と計算，平方根

Step-1 >>> | 基本を確かめる |

→【解答】46ページ

★ _____ にあてはまる数や式，記号を答えましょう。

1 数と計算

(1) 正負の数の加減，乗除

次の計算をする。

● $-9-(-4)=-9$ ① _____ $=$ ② _____

● $15\div\left(-\dfrac{3}{5}\right)=15\times\left($ ③ _____ $\right)=$ ④ _____

↑わる数を逆数にしてかける。

(2) 四則の混じった計算

次の計算をする。

● $8+3\times(-7)=8+($ ① _____ $)=$ ② _____

● $(-4)^2\div(2+6)=$ ③ _____ $\div$ ④ _____ $=$ ⑤ _____

2 式と計算

(1) 多項式の計算

次の計算をする。

$2(4x+3y)-5(x+2y)=$ ① _____ $+6y-$ ② _____

$=$ ③ _____

(2) 単項式の乗除

次の計算をする。

● $12xy^2\times\dfrac{2}{3}xy=12\times$ ① _____ $\times xy^2\times$ ② _____ $=$ ③ _____

● $-20a^2b\div4ab^2=-\dfrac{\text{④}}{4ab^2}=$ ⑤ _____ ← 約分する。

[確認] $-(\ )$ のはずし方

$-(+■)\rightarrow-■$

$-(-■)\rightarrow+■$

[確認] **乗法・除法**

同符号の2数の積(商)

→絶対値の積(商)に正の符号をつける。

異符号の2数の積(商)

→絶対値の積(商)に負の符号をつける。

≫**くわしく**

四則の混じった計算は，かっこの中・累乗→乗除→加減の順に計算する。

[✐ ミス注意]

かっこのついた数の累乗と，かっこのない数の累乗とのちがいを区別する。

$(-3)^2=(-3)\times(-3)=+9$

$-3^2=-(3\times3)=-9$

≫**くわしく**

分配法則を使ってかっこをはずし，同類項をまとめる。

$2(4x+3y)-5(x+2y)$

$=2\times4x+2\times3y-5\times x-5\times2y$

(3) 等式の変形

次の等式を，x について解く。

$$4x+6y=12$$

6yを移項する。

$$4x= \text{①} \qquad +12$$

両辺を 4 でわる。

$$x= \text{②}$$

確認 **等式の変形**
等式をある文字について解くときは，解く文字以外を数とみて，1次方程式を解く（→12ページ）ように式を変形する。

3 平方根

(1) 平方根

● $2\sqrt{6}$ と 5 の大小を不等号を使って表す。

$$2\sqrt{6}=\sqrt{\text{①}} \quad , \quad 5=\sqrt{\text{②}} \qquad \leftarrow 5 を \sqrt{\ } のついた数で表す。$$

$24<25$ だから，$2\sqrt{6}$ ③　　　 5

● $3<\sqrt{n}<4$ にあてはまる自然数 n の値をすべて求める。

$$\text{④} \qquad <n< \text{⑤} \qquad \leftarrow それぞれの数を2乗する。$$

この式にあてはまる n の値は，⑥

● $\dfrac{9}{2\sqrt{6}}$ の分母を有理化する。

$$\dfrac{9}{2\sqrt{6}}=\dfrac{9\times \text{⑦}}{2\sqrt{6}\times \text{⑧}} = \dfrac{\text{⑨}}{12} = \text{⑩}$$

確認 **根号のついた数の変形**
● $\sqrt{\ }$ の外の数を中へ
$$a\sqrt{b}=\sqrt{a^2b}$$
● $\sqrt{\ }$ の中の数を外へ
$$\sqrt{a^2b}=a\sqrt{b}$$
（a，b は正の数）

確認 **平方根の大小**
a，b が正の数のとき，
$$a<b \text{ ならば，} \sqrt{a}<\sqrt{b}$$

>>> くわしく
3，$\sqrt{n}$，4 をそれぞれ2乗しても大小関係は変わらないことを利用して，$\sqrt{\ }$ をはずす。

確認 **分母の有理化**
$$\dfrac{a}{\sqrt{b}}=\dfrac{a\times\sqrt{b}}{\sqrt{b}\times\sqrt{b}}=\dfrac{a\sqrt{b}}{b}$$

(2) 根号がついた数の計算

次の計算をする。

● $$\sqrt{2}\times\sqrt{18}=\sqrt{\text{①}} \qquad = \text{②}$$

● $$\sqrt{45}-\sqrt{20}= \text{③} \qquad - \text{④} \qquad = \text{⑤}$$
$a\sqrt{b}$ の形に直す。

● $$\dfrac{6}{\sqrt{3}}+\sqrt{48}= \text{⑥} \qquad + \text{⑦} \qquad = \text{⑧}$$
$$\dfrac{6\times\sqrt{3}}{\sqrt{3}\times\sqrt{3}}=\dfrac{6\sqrt{3}}{3}$$

確認 **根号がついた数の計算**
a，bが正の数のとき，
乗法　$\sqrt{a}\times\sqrt{b}=\sqrt{a\times b}$

除法　$\sqrt{a}\div\sqrt{b}=\sqrt{\dfrac{a}{b}}$

加法
$$\blacksquare\sqrt{a}+\bullet\sqrt{a}=(\blacksquare+\bullet)\sqrt{a}$$
減法
$$\blacksquare\sqrt{a}-\bullet\sqrt{a}=(\blacksquare-\bullet)\sqrt{a}$$

Step-2 >>> ｜実力をつける｜

→ 【目標時間】**30分** ／【解答】**46ページ**

点

1 次の計算をしなさい。 【各3点】

(1) $\dfrac{4}{9}-\dfrac{5}{6}$

(2) $4-(+8)-(-5)$

(3) $-12\times\left(-\dfrac{3}{4}\right)$

(4) $\dfrac{8}{15}\div\left(-\dfrac{4}{5}\right)$

(5) $4\times6+(-18)\div3$

(6) $(-2)^3-3^2$

(7) $20-5\times(3-9)$

(8) $3-(-6)^2\div\dfrac{9}{2}$

2 次の計算をしなさい。 【各4点】

(1) $(2a-5)-(8a+3)$

(2) $3(x+6y)+2(3x-4y)$

(3) $\dfrac{3}{2}x^2y\times\left(-\dfrac{4}{9}y\right)$

(4) $(-4xy)^2\div2x^2$

(5) $6ab^2\div(-9a^2b)\times3a^2$

(6) $\dfrac{3x-5y}{6}-\dfrac{4x-7y}{9}$

3 次の問いに答えなさい。 【(1)(2)各5点, (3)〜(5)各6点】

(1) a, b を自然数とする。次のア〜エのうちで，計算の結果が自然数でない場合がある
のはどれか。すべて選び，記号で答えなさい。

　　ア　$a+b$　　　イ　$a-b$　　　ウ　$a\times b$　　　エ　$a\div b$

(2) $a=\dfrac{3b-2c}{5}$ を，b について解きなさい。

(3) $x=2$，$y=-5$ のとき，$8x^2y\times 6xy^2\div(-4xy)^2$ の値を求めなさい。

(4) 3つの数 7, $5\sqrt{2}$, $\dfrac{12}{\sqrt{3}}$ の大小を，不等号を使って表しなさい。

(5) $\sqrt{100-2a}$ が自然数になるような，自然数 a の値をすべて求めなさい。

4 次の計算をしなさい。 【各4点】

(1) $8\sqrt{20}\div 4\sqrt{5}$

(2) $\sqrt{8}+\sqrt{18}-\sqrt{72}$

(3) $\sqrt{24}-\dfrac{30}{\sqrt{6}}$

(4) $\dfrac{10}{\sqrt{5}}+\sqrt{3}\times\sqrt{15}$

(5) $\sqrt{32}-\sqrt{54}\div\sqrt{3}$

(6) $\sqrt{2}(2\sqrt{2}-\sqrt{3})-\sqrt{24}$

Step-1 >>> |基本を確かめる|

⇒【解答】48ページ

★ _____ にあてはまる数や式を答えましょう。

1 式の展開

(1) 多項式×多項式

次の式を展開する。

$$(x-4)(2x+5)=2x^2 ① \qquad -8x ②$$
$$= ③$$

(2) 乗法公式

次の式を展開する。

● $(x+2)(x+6)=x^2+(① \quad)x+ ②$
　　　　　　　$= ③$

● $(a+5)^2=a^2+ ④ \quad \times a+ ⑤ \quad {}^2= ⑥$

● $(y+8)(y-8)= ⑦ \quad {}^2- ⑧ \quad {}^2= ⑨$

2 因数分解

(1) 共通因数をくくり出す

次の式を因数分解する。

$$2ax+8bx-6x= ① \qquad (a+ ② \quad - ③ \quad)$$
↑共通因数をくくり出す。

(2) 因数分解の公式

次の式を因数分解する。

● $x^2+6x+8=x^2+(① \quad)x+ ② \quad = ③$

● $a^2-10a+25=a^2-2\times ④ \quad \times a+ ⑤ \quad {}^2= ⑥$

≫くわしく

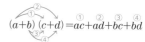
$(a+b)(c+d)=ac+ad+bc+bd$

確認 乗法公式
$(x+a)(x+b)=x^2+(a+b)x+ab$
$(x+a)^2=x^2+2ax+a^2$
$(x-a)^2=x^2-2ax+a^2$
$(x+a)(x-a)=x^2-a^2$

確認 根号がついた数の展開
$\sqrt{}$ のついた数を1つの文字とみて,乗法公式を利用する。
例　$(\sqrt{5}+2)(\sqrt{5}-2)$
　　$=(\sqrt{5})^2-2^2=5-4=1$

⚠ミス注意
次のように,多項式の中に共通因数が残っていては,因数分解したことにならない。
×$2(ax+4bx-3x)$
×$x(2a+8b-6)$

≫くわしく
和が6,積が8の2つの数の組を見つけるときは,まず積が8となる2つの数の組を見つける。

積が8	和が6
1と8	×
2と4	○
−2と−4	×
−1と−8	×

(3) 素因数分解

120 を素因数分解（自然数を素数の積で表すこと）する。

●素数で順に ──→ 2) 1 2 0
わっていく。　　①) 6 0
　　　　　　　　②) 3 0
　　　　　　　　③) 1 5　　●わった数と商を積の形で表す。
　　　　　　　　　　　　　　　　　↓
●商が素数に ──→ ④　　　　120＝ ⑤
なったらやめる。

確認 素数
1 とその数自身のほかに約数がない数を素数という。
ただし，1 は素数ではない。

3 式の利用

(1) 文字を使った式

●A地から，はじめは時速 4 km で x 時間歩き，途中から時速 3 km で y 時間歩いて，B地に着いた。A地からB地までの道のりを表す式を書く。

A地からB地までの道のり	＝	時速 4 km で歩いた道のり	＋	時速 3 km で歩いた道のり
		↓		↓
		①	＋	② （km）

●濃度 5 ％の食塩水 x g にふくまれる食塩の重さを表す式を書く。

5 ％を分数で表すと，$\dfrac{5}{③}$ ＝ ④

食塩の重さ＝食塩水の重さ×食塩水の濃度
　　　　　　↓　　　　　　↓
　　　x　　×　⑤　＝ ⑥　（g）

(2) 式の値

$x=25$ のとき，$(x-3)^2-(x-2)(x-7)$ の値を求める。

$(x-3)^2-(x-2)(x-7)$

＝ ①　　　　　　 － (②　　　　　　)

＝ ③

＝3× ④　　　 －5 ← x の値を代入する。

＝ ⑤

乗法公式を利用して展開する。

かっこをはずして，同類項をまとめる。

確認 基本的な数量の関係
● 代金＝単価×個数
例 1 個50円のみかん x 個の代金
→50×x＝50x（円）
● 道のり＝速さ×時間
例 時速40kmで，x 時間走ったときに進む道のり
→40×x＝40x（km）
● 平均＝合計÷個数
例 3 人の得点が a 点，b 点，c 点のときの 3 人の平均点
→$(a+b+c)÷3=\dfrac{a+b+c}{3}$（点）

確認 割合の表し方
● x ％→ $\dfrac{x}{100}$
例 a g の10%は，
$a×\dfrac{10}{100}=\dfrac{a}{10}$（g）
● y 割→ $\dfrac{y}{10}$
例 b 円の 3 割は，
$b×\dfrac{3}{10}=\dfrac{3b}{10}$（円）

数と式 ②

Step-2 >>> |実力をつける|

→ 【目標時間】**30**分 ／ 【解答】**48**ページ   点

1 次の計算をしなさい。　　　　　　　　　　　　　　　　　　　　　　　　　　【各3点】

(1) $(2x+y)(3x-4y)$

(2) $(x+3)(x-9)$

(3) $(4a+b)(4a-b)$

(4) $(2x-3)^2$

(5) $(a-9)(a+9)+(a+3)^2$

(6) $(x-6)^2-(x-4)(x-7)$

2 次の計算をしなさい。　　　　　　　　　　　　　　　　　　　　　　　　　　【各4点】

(1) $(\sqrt{7}+3)(\sqrt{7}-3)$

(2) $(\sqrt{6}-\sqrt{2})^2$

(3) $(\sqrt{3}+2)(\sqrt{3}-6)+\sqrt{48}$

(4) $\dfrac{20}{\sqrt{5}}-(\sqrt{5}+3)^2$

3 次の式を因数分解しなさい。　　　　　　　　　　　　　　　　　　　　　　　【各4点】

(1) $x^2-9x+14$

(2) x^2-49y^2

(3) $3x^2y-18xy+24y$

(4) $(x+2)(x-8)+25$

4 次の問いに答えなさい。 【各6点】

(1) $a=5$, $b=-2$ のとき，$(a-8b)(a+2b)-(a+4b)(a-4b)$ の値を求めなさい。

(2) $x=\sqrt{5}+1$ のとき，x^2-2x+1 の値を求めなさい。

5 次の問いに答えなさい。 【各6点】

(1) 定価 x 円の品物を定価の 2 割引きで買って，1000円出した。おつりを表す式を x を使って表しなさい。

(2) あるクラスでテストをしたところ，男子20人の平均点が a 点，女子16人の平均点が b 点，全体の平均点が c 点だった。数量の関係を，〜$=c$ の形の式で表しなさい。

(3) a km の道のりを，行きは時速 4 km，帰りは時速 3 kmで歩いた。かかった時間は全体で b 時間未満だった。数量の関係を不等式で表しなさい。

6 240にできるだけ小さい自然数をかけて，ある自然数の2乗になるようにする。どんな数をかければよいか，求めなさい。 【10点】

7 連続する2つの奇数について，大きいほうの奇数の2乗から小さいほうの奇数の2乗をひいた差は，8の倍数であることを証明しなさい。 【10点】

（証明）

方程式
1次方程式, 連立方程式, 2次方程式

Step-1 >>> 基本を確かめる

⇒【解答】50ページ

★ _____ にあてはまる数や式を答えましょう。

① 1次方程式

(1) 基本の1次方程式

$7x+6=4x-9$ を解く。

+6を右辺に, $4x$を左辺に移項する。

$7x$ ①_____ $=-9$ ②_____

$ax=b$ の形に整理する。

$3x=$ ③_____

両辺を3でわる。

$x=$ ④_____

> **⚡ミス注意**
> 移項するときは, 符号を変え忘れないようにする。
>

(2) 分数をふくむ1次方程式

$\dfrac{1}{2}x+3=\dfrac{1}{3}x+5$ を解く。

$\left(\dfrac{1}{2}x+3\right)\times$ ①_____ $=\left(\dfrac{1}{3}x+5\right)\times$ ②_____

両辺に分母の最小公倍数をかけて, 係数を整数に直す。

$3x+18=$ ③_____

$x=$ ④_____

> **確認 小数をふくむ1次方程式**
> 両辺に10, 100, …をかけて, 係数を整数に直す。
> 例 $0.7x-0.5=0.2x+1.5$
> $(0.7x-0.5)\times10=(0.2x+1.5)\times10$
> $7x-5=2x+15$
> $7x-2x=15+5$
> $5x=20$
> $x=4$

② 連立方程式

(1) 加減法で解く

$\begin{cases} 7x+2y=4 & \cdots\cdots① \\ 2x+y=-1 & \cdots\cdots② \end{cases}$ を解く。

① $\qquad 7x+2y=4$
②×2 $\underline{-)①\qquad\qquad =-2}$
$\qquad\qquad$ ②_____ $=6$
$\qquad\qquad\qquad x=$ ③_____

②に $x=$ ④_____ を代入して,

⑤_____ $+y=-1$

$y=$ ⑥_____

答 $x=2$, $y=-5$

> **確認 加減法**
> 連立方程式を解くとき, 1つの文字の係数の絶対値をそろえて, 左辺どうし, 右辺どうしをたしたりひいたりして, 1つの文字を消去する。

(2) 代入法で解く

$$\begin{cases} 3x+4y=8 & \cdots\cdots ① \\ y=x-5 & \cdots\cdots ② \end{cases}$$ を解く。

①に②を代入して，

$$3x+4(x-5)=8$$

$$3x+ ①\underline{} =8$$

$$②\underline{} =28$$

$$x= ③\underline{}$$

②に $x=$ ④ を代入して，

$$y= ⑤\underline{} -5$$

$$= ⑥\underline{}$$

答 $x=4$, $y=-1$

確認 **代入法**
連立方程式を解くとき，一方の式を，$x=\sim$ や $y=\sim$ の形に変形して，これを他方の式に代入し，1つの文字を消去する。

③ 2次方程式

(1) 平方根の考え方を利用

$(x+1)^2=6$ を解く。

$$x+1=\pm ①\underline{}$$ ← 6 の平方根を求める。

$$x= ②\underline{}$$ ← $+1$ を移項する。

(2) 因数分解を利用

$x^2-3x-18=0$ を解く。

$$(x+ ①\underline{})(x- ②\underline{})=0$$ ← 左辺を因数分解する。

$$x= ③\underline{} , \ x= ④\underline{}$$ ← $AB=0$ ならば $A=0$ または $B=0$

(3) 解の公式を利用

$3x^2+7x+1=0$ を解く。

$$x=\dfrac{- ① \pm \sqrt{ ②^2 -4\times ③ \times ④}}{2\times ⑤}$$

$$=\dfrac{- ⑥ \pm \sqrt{ ⑦ - ⑧}}{⑨}$$

$$=\dfrac{- ⑩ \pm \sqrt{ ⑪}}{⑫}$$

! **ミス注意**

正の数 a の平方根は，$+\sqrt{a}$ と $-\sqrt{a}$ の2つある。
(1)で，6の平方根を求めるときに，$x+1=\sqrt{6}$ としないようにする。

確認 **解の公式**
$ax^2+bx+c=0 \, (a\ne0)$ の解は，
$$x=\dfrac{-b\pm\sqrt{b^2-4ac}}{2a}$$

>> **くわしく**
x の係数が偶数のとき，解は約分できる。
例　$x^2+4x+2=0$
$$x=\dfrac{-4\pm\sqrt{4^2-4\times1\times2}}{2}$$
$$=\dfrac{-4\pm\sqrt{16-8}}{2}$$
$$=\dfrac{-4\pm2\sqrt{2}}{2}$$ 約分
$$=-2\pm\sqrt{2}$$

1 次の方程式を解きなさい。　　　　　　　　　　　　　　　　　　　　　　【各4点】

(1)　$2x-9=8x+15$

(2)　$3(4x-5)=7x-5$

(3)　$x-4=0.6x-0.8$

(4)　$\dfrac{x-5}{4}=\dfrac{5x+3}{6}$

2 次の連立方程式を解きなさい。　　　　　　　　　　　　　　　　　　　　【各4点】

(1)　$\begin{cases} 2x+3y=12 \\ 6x-5y=8 \end{cases}$

(2)　$\begin{cases} 5x+4y=-8 \\ y=x+7 \end{cases}$

(3)　$\begin{cases} 7x-2y=-1 \\ 4x-3y=5 \end{cases}$

(4)　$\begin{cases} 4x+3y=-6 \\ \dfrac{2}{3}x-\dfrac{1}{5}y=6 \end{cases}$

3 次の2次方程式を解きなさい。　　　　　　　　　　　　　　　　　　　　【各4点】

(1)　$(x-3)^2=50$

(2)　$x^2-5x-24=0$

(3)　$2x^2+3x-1=0$

(4)　$(x+6)^2=4(x+5)$

4 次の比例式で，x の値を求めなさい。 【各4点】

(1)　$x:30=3:5$

(2)　$21:12=(x+9):8$

---

5 次の問いに答えなさい。 【各7点】

(1)　x についての 1 次方程式 $x+a=ax-5$ の解が 3 であるとき，a の値を求めなさい。

(2)　x についての 2 次方程式 $x^2+ax-18=0$ の 1 つの解が 2 であるとき，もう 1 つの解を求めなさい。

---

6 何人かの子どもに画用紙を配る。 1 人に 5 枚ずつ配ると 8 枚余り，1 人に 6 枚ずつ配ると 5 枚不足する。子どもの人数を求めなさい。 【10点】

---

7 A町からB町までの道のりは20kmで，その途中に図書館がある。 ある日，Pさんは自転車で，A町を出発して時速8kmで図書館まで行き，図書館で本を返した。 図書館にいた時間は10分間であった。 そして，図書館を出発して時速6kmでB町まで行ったところ，かかった時間は，全体で3時間だった。 A町から図書館までの道のりを求めなさい。 【10点】

---

8 連続する3つの自然数がある。 最も小さい数の2乗が，残りの2つの数の和の3倍より2小さくなる。この3つの自然数を求めなさい。 【10点】

Step-1 >>> 基本を確かめる

→【解答】52ページ

★ _____ にあてはまる数や式, ことばを答えましょう。

① 比例・反比例

⑴ 比例の式の求め方

y は x に比例し, $x=6$ のとき $y=-9$ である。y を x の式で表すと, 求める式は $y=ax$。$x=6$ のとき $y=-9$ だから,
↳比例定数を a とする。

$$① \underline{\qquad} =a\times ② \underline{\qquad} ,\quad a=③ \underline{\qquad}$$

したがって, 式は, $y=④ \underline{\qquad}$

⑵ 反比例の式の求め方

y は x に反比例し, $x=3$ のとき $y=8$ である。$x=-4$ のときの y の値を求める。
↳比例定数を a とする。

求める式を $y=\dfrac{a}{x}$ とおく。$x=3$ のとき $y=8$ だから,

$$① \underline{\qquad} = \frac{a}{② \underline{\quad}},\quad a=③ \underline{\qquad}$$

したがって, 式は, $y=④ \underline{\qquad}$

この式に $x=-4$ を代入して, $y=\dfrac{⑤ \underline{\quad}}{-4}=⑥ \underline{\qquad}$

② 1次関数

⑴ 変化の割合

1次関数 $y=3x-4$ について, x の増加量が 5 のときの y の増加量を求める。

$$y\ \text{の増加量}=① \underline{\qquad} \times x\ \text{の増加量}$$

だから, y の増加量は, $② \underline{\qquad} \times 5=③ \underline{\qquad}$

確認 **比例の式**

y が x に比例するとき,
式の形は, $y=ax$
　　　　　　　↳比例定数

!ミス注意

x の値と y の値を逆に代入しないようにしよう。

$x=6$ のとき $y=-9$

$-9=a\times 6$

確認 **反比例の式**

y が x に反比例するとき,
式の形は, $y=\dfrac{a}{x}$ ←比例定数

確認 **1次関数**

2つの変数 x, y について, y が x の1次式で表されるとき, y は x の1次関数であるという。

確認 **変化の割合**

変化の割合$=\dfrac{y\ \text{の増加量}}{x\ \text{の増加量}}$

1次関数 $y=ax+b$ の変化の割合は一定で, a に等しい。

(2) 1次関数のグラフ

右の図の直線の式を求める。

グラフは，次の2点を通る。

$(-2,$ ①　　　　$)$，$($ ②　　　　$, 1)$

$y=ax+b$ に，この2点の座標を代入

すると，$\begin{cases} ③　　　　=-2a+b \\ 1=④　　　　+b \end{cases}$

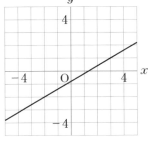

これを連立方程式として解くと，$a=\dfrac{3}{5}$，$b=-\dfrac{4}{5}$

したがって，直線の式は，$y=$ ⑤　　　　

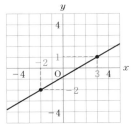

【確認】 **1次関数の式**

y が x の1次関数であるとき，

式の形は，$y=ax+b$
　　　　　　　↑　　　↑
　　　　x に比例　定数
　　　　する部分

▶▶くわしく

グラフが通る2点の x 座標，y
座標をよみとる。

③ 2乗に比例する関数

(1) $y=ax^2$ の式の求め方

y は x の2乗に比例し，$x=2$ のとき $y=12$ である。y を x の式

で表すと，求める式は $y=ax^2$。$x=2$ のとき $y=12$ だから，
　　　　　　　　　　　└──比例定数を a とする。

① 　　　　$=a\times$ ②　　　　^{2}，$a=$ ③　　　　

したがって，式は，$y=$ ④　　　　

【確認】 **y が x の2乗に比例
する関数の式**

y が x の2乗に比例するとき，

式の形は，$y=ax^2$
　　　　　　　　└──比例定数

(2) 変域

関数 $y=-\dfrac{1}{2}x^2$ で，x の変域が $-4\leqq x\leqq 2$ のときの y の変域

を求める。関数 $y=-\dfrac{1}{2}x^2$ のグラフは，

右の図のようになる。

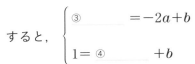

$x=$ ①　　　　のとき y は最小値 ②　　　　

$x=$ ③　　　　のとき y は最大値 ④　　　　

y の変域は，⑤　　　　$\leqq y\leqq$ ⑥　　　　

▶▶くわしく

x の変域に対応する y の変域
は，下の図のようになる。

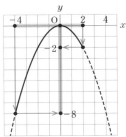

(3) 変化の割合

関数 $y=2x^2$ で，x の値が1から4まで増加するときの変化の

割合を求める。

関数 $y=ax^2$ の変化の
割合は一定ではない。
↓

$\dfrac{2\times ①　　　^2-2\times ②　　　^2}{4-1}=\dfrac{③　　　}{3}=$ ④

Step-2 >>> | 実力をつける |

→【目標時間】**30分** ／【解答】**52ページ**

点

1 右の図で，(1)は比例のグラフ，(2)は反比例のグラフである。それぞれについて，y を x の式で表しなさい。

【各5点】

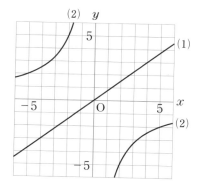

(1) ＿＿＿＿＿＿＿

(2) ＿＿＿＿＿＿＿

2 右の図のように，比例 $y=3x$ のグラフと反比例 $y=\dfrac{a}{x}$ のグラフが2点A，Bで交わっている。点Aの x 座標が2のとき，次の問いに答えなさい。 【各6点】

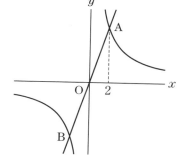

(1) a の値を求めなさい。

(2) 点Bの座標を求めなさい。

(3) 反比例のグラフ上の点で，x 座標，y 座標の値がともに整数になる点は何個あるか，求めなさい。

3 次の問いに答えなさい。 【各8点】

(1) 直線 $y=-2x$ に平行で，点 $(-4, 3)$ を通る直線の式を求めなさい。

(2) 方程式 $2x-3y=-6$ のグラフを，右の図1にかきなさい。

(3) 右の図2の2直線①，②の交点の座標を求めなさい。

図1

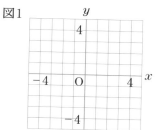

図2

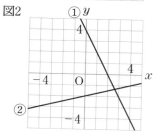

4 右の図で，A（−8，8），B（4，2）である。
次の問いに答えなさい。 【各6点】

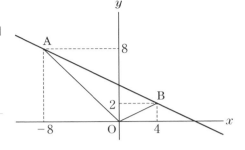

(1) △OAB の面積を求めなさい。

(2) 点Oを通り，△OAB の面積を 2 等分する
直線の式を求めなさい。

5 次の問いに答えなさい。 【各8点】

(1) y は x の 2 乗に比例し，$x=9$ のとき $y=-27$ である。$x=-6$ のときの y の値を求
めなさい。

(2) 関数 $y=ax^2$ について，x の変域が $-3\leqq x\leqq 2$ のとき，y の変域は $0\leqq y\leqq 9$ である。
a の値を求めなさい。

(3) 関数 $y=ax^2$ について，x の値が 4 から 8 まで増加するときの変化の割合が -6 であ
るとき，a の値を求めなさい。

6 右の図で，放物線と直線が2点A（−6，9），Bで交
わっている。直線と y 軸との交点をCとする。
AC：BC＝3：4 のとき，次の問いに答えなさい。【各6点】

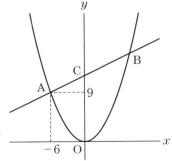

(1) 放物線の式を求めなさい。

(2) 直線の式を求めなさい。

5日目 図形 ①

作図, 図形の計量, 空間図形, 角の大きさ

Step-1 >>> 基本を確かめる

→【解答】54ページ

★ _____ にあてはまる数や記号, ことばを答えましょう。

1 作図

(1) **垂直二等分線の作図**

❶ 点A, 点① _____ を中心として等

しい ② _____ の円をかく。

❷ 2つの円の ③ _____ を C,

D とし, 直線④ _____ をひく。

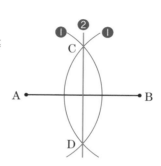

確認 角の二等分線の作図

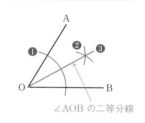

∠AOB の二等分線

確認 垂線の作図

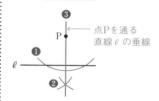

点Pを通る
直線 ℓ の垂線

2 図形の計量

(1) **おうぎ形の弧の長さと面積**

右の図のおうぎ形の弧の長さと面積を求める。

弧の長さは,

$2\pi \times$ ① _____ $\times \dfrac{②}{360} =$ ③ _____ (cm)

面積は, $\pi \times$ ④ _____ $^2 \times \dfrac{⑤}{360} =$ ⑥ _____ (cm²)

確認 **おうぎ形の弧の長さと面積**

● 弧の長さ

$\ell = 2\pi r \times \dfrac{a}{360}$

● 面積

$S = \pi r^2 \times \dfrac{a}{360}$

または, $S = \dfrac{1}{2}\ell r$

(2) **立体の表面積と体積**

右の図の円柱の表面積と体積を求める。

側面積は, $8 \times (2\pi \times$ ① _____ $) =$ ② _____ (cm²)

底面積は, $\pi \times$ ③ _____ $^2 =$ ④ _____ (cm²)

表面積は, ⑤ _____ ＋ ⑥ _____ $\times 2 =$ ⑦ _____ (cm²)
↑
円柱の底面は2つある。

体積は, ⑧ _____ $\pi \times$ ⑨ _____ $=$ ⑩ _____ (cm³)

≫くわしく

円柱の展開図は, 次のようになる。

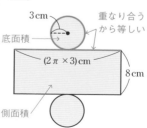

3cm
重なり合う
から等しい
底面積
(2π ×3)cm
8cm
側面積

③ 空間図形

(1) ねじれの位置

右の図の直方体で，辺 AE とねじれの位

置にある辺は，辺 ① ____ ，辺 ② ____ ，

辺 ③ ____ ，辺 ④ ____ である。

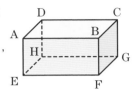

④ 角の大きさ

(1) 平行線と角

右の図で，ℓ∥m のとき，∠x，∠y の大きさを求める。

ℓ∥m で，① ____ は等しい

から，∠x＝② ____ °

ℓ∥m で，③ ____ は等しい

から，∠y＝④ ____ °

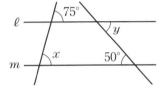

(2) 三角形と角

右の図の △ABC で，AC＝BC である。

∠x の大きさを求める。

AC＝BC だから，∠B＝① ____ °

三角形の外角は，それととなり合わない2つの内角の ②

に等しいから，∠x＝③ ____ °＋④ ____ °＝⑤ ____ °

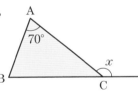

(3) 円周角の定理

右の図で，∠x，∠y の大きさを求める。

$\overgroup{AC}$ に対する ① ____ は等しい

から，∠x＝② ____ °

半円の弧に対する円周角は ③ ____ °だから，∠ADB＝④ ____ °

したがって，∠y＝⑤ ____ °－⑥ ____ °＝⑦ ____ °

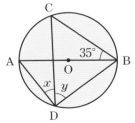

確認 **ねじれの位置**

空間内で，平行でなく，交わ
らない 2 直線をねじれの位置
にあるという。

確認 **平行線と角**

ℓ∥m ならば $\begin{cases} ∠a＝∠c \\ ∠b＝∠c \end{cases}$

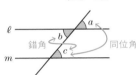

錯角　　　同位角

確認 **二等辺三角形の角**

二等辺三角形の2つの底角は
等しい。

頂角

底角

確認 **円周角の定理**

1つの弧に対する円周角の大き
さは一定であり，その弧に対
する中心角の大きさの半分で
ある。

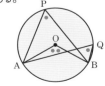

$∠P＝∠Q＝\dfrac{1}{2}∠AOB$

Step-2 >>> |実力をつける|

⇒【目標時間】30分 ／【解答】54ページ

点

---

1 次の問いに答えなさい。 【各10点】

(1) 右の図で，3点 A，B，C から等しい距離にある
点 P を作図しなさい。

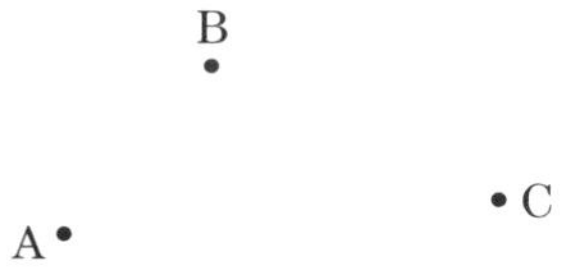

B
•

A•

•C

(2) 右の図で，∠APC＝45° になるような直線 CP を，
直線 AB の上側に作図しなさい。

A ——————————•—————— B
P

2 次の問いに答えなさい。 【各7点】

(1) 右の図のような半径 6 cm，弧の長さ 4π cm のおうぎ形が
ある。このおうぎ形の中心角の大きさを求めなさい。

_____

(2) 右の図の色のついた部分の面積を求めなさい。

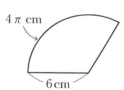

_____

(3) 右の図の円錐の表面積を求めなさい。

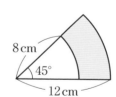

_____

(4) 右の図のおうぎ形を，直線 ℓ を軸として 1 回転させてでき
る立体の体積を求めなさい。

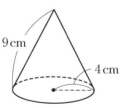

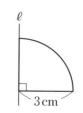

_____

3 次の(1)～(4)について，空間内での直線 l，m，n と平面 P，Q，R の関係で，正しいものには〇を，正しくないものには×を書きなさい。　　　　【各3点】

(1) $l \perp m$，$l \perp n$ のとき，$m /\!/ n$

(2) $l /\!/ \mathrm{P}$，$m /\!/ \mathrm{P}$ のとき，$l /\!/ m$

(3) $l \perp \mathrm{P}$，$l \perp \mathrm{Q}$ のとき，$\mathrm{P} /\!/ \mathrm{Q}$

(4) $\mathrm{P} \perp \mathrm{Q}$，$\mathrm{Q} \perp \mathrm{R}$ のとき，$\mathrm{P} /\!/ \mathrm{R}$

4 次の図で，$\angle x$ の大きさを求めなさい。　　　　【各5点】

(1) $l /\!/ m$

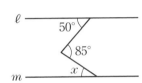

(2)

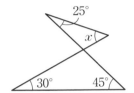

(3) AB＝DB，AD＝CD

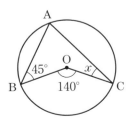

(4) 四角形 ABCD は平行四辺形，AB＝EB

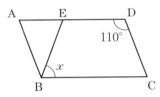

5 次の問いに答えなさい。　　　　【各5点】

(1) 正五角形の1つの内角の大きさを求めなさい。

(2) 1つの外角の大きさが 40° である正多角形は正何角形か。

6 次の図で，$\angle x$ の大きさを求めなさい。　　　　【各5点】

(1)

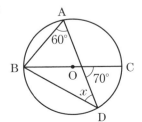

(2)

23

図形 ②
証明問題，相似，三平方の定理

Step-1 >>> 　|基本を確かめる|

→【解答】56ページ

★ _____ にあてはまる数や記号，ことばを答えましょう。

1 証明問題

(1) 右の図で，AB∥DC，BO＝DO である。
△AOB≡△COD であることを証明する。
（証明） △AOB と △COD において，
仮定から，BO＝DO ……①

① _____ は等しいから，∠AOB＝② _____ ……②

AB∥DCで，錯角は等しいから，∠ABO＝③ _____ ……③

①，②，③より，④ _____ がそれ
ぞれ等しいから，△AOB≡△COD

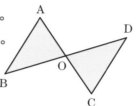

確認 三角形の合同条件
①3組の辺がそれぞれ等しい。
②2組の辺とその間の角がそれぞれ等しい。
③1組の辺とその両端の角がそれぞれ等しい。

ミス注意
証明で，辺や角が等しいことを示すときは，辺や角を対応する頂点の順にかくこと。

BO＝OD ✕　　BO＝DO ◯

2 相似

(1) 三角形と比

右の図の △ABC で，DE∥BC である。x，y の値を求める。
DE∥BC だから，

12：① _____ ＝② _____ ：x，x＝③ _____

④ _____ ：16＝y：⑤ _____ ，y＝⑥ _____

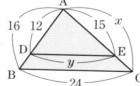

確認 三角形と比の定理
△ABC の辺 AB，AC 上の点をそれぞれ D，E とするとき，DE∥BC ならば，
①AD：AB＝AE：AC＝DE：BC
②AD：DB＝AE：EC

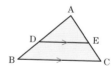

(2) 中点連結定理

右の図の台形 ABCD で，M，N はそれぞれ辺 AB，DC の中点で，AD∥MN∥BC である。MN の長さを求める。

△ABCで，ME＝$\dfrac{1}{2}$×① _____ ＝② _____ （cm）

△ACDで，EN＝$\dfrac{1}{2}$×③ _____ ＝④ _____ （cm）

したがって，MN＝⑤ _____ （cm）

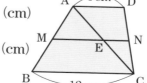

確認 中点連結定理
△ABC の2辺 AB，AC の中点をそれぞれ M，N とするとき，
MN∥BC，MN＝$\dfrac{1}{2}$BC

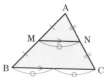

(3) 相似な図形の計量

△ABC∽△DEF で，相似比は 2：3 である。△ABC の面積が 20cm² のとき，△DEF の面積を求める。

<u>△ABC：△DEF</u>＝ ①　　　²：② 　　　²＝③ 　　　：④
└面積の比

20：△DEF＝ ⑤　　　：⑥

$$20 \times 9 = 4 \triangle DEF$$

△DEF＝ ⑦ 　　　（cm²）

3 三平方の定理

(1) 三平方の定理

右の図で，x の値を求める。

x^2＝ ①　　　²－② 　　　²

　＝ ③ 　　　－④ 　　　＝⑤

$x > 0$ だから，$x = \sqrt{⑥ } = ⑦$ 　　　（cm）

(2) 特別な直角三角形の3辺の比

1 辺の長さが 4cm の正三角形の面積を求める。
右の図の △ABH で，

AB：AH＝ ①　　　：②

よって，2AH＝$4\sqrt{3}$ ，AH＝ ③

△ABC＝$\frac{1}{2} \times 4 \times$ ④ 　　　＝⑤ 　　　（cm²）

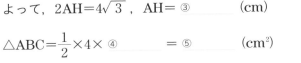

(3) 空間図形への利用

右の図の円錐の体積を求める。
△OAH は直角三角形だから，

OH＝$\sqrt{① ^2 - ② ^2} = \sqrt{169-25}$

　＝$\sqrt{③ } = ④$ 　　　（cm）

円錐の体積は，$\frac{1}{3}\pi \times$ ⑤ 　　　²× ⑥ 　　　＝⑦ 　　　（cm³）

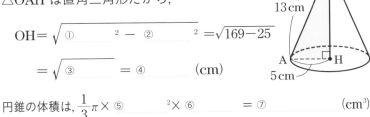

25

Step-2 >>> ｜実力をつける｜

→【目標時間】**30分** ／【解答】**56ページ**

点

Ⅰ 次の問いに答えなさい。 【各8点】

(1) 右の図で，∠ACB＝∠DAB のとき，線分 DC の長さを求めなさい。

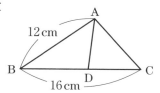

(2) 右の図の △ABC で，点 D，E は辺 AB を 3 等分する点，点 F は辺 AC の中点である。線分 GC の長さを求めなさい。

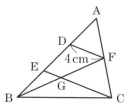

(3) 右の図のように，円錐を，母線を 2 等分する点を通る底面に平行な面で切り，頂点をふくむ立体を P，頂点をふくまない立体を Q とする。立体 P と立体 Q の体積の比を求めなさい。

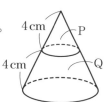

2 次の問いに答えなさい。 【各8点】

(1) 右の図で，x の値を求めなさい。

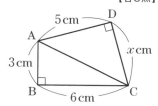

(2) 2 本の対角線の長さが 18 cm，24 cm のひし形の 1 辺の長さを求めなさい。

(3) 右の図のような 1 辺が 6 cm の正六角形の面積を求めなさい。

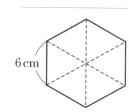

3 右の図のような，正四角錐 O-ABCD がある。次の
問いに答えなさい。　　　　　　　　　　　【各10点】

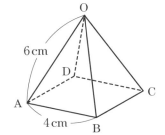

(1)　正四角錐の表面積を求めなさい。

(2)　正四角錐の体積を求めなさい。

4 右の図の △ABC で，AD は ∠BAC の二等分線であ
る。次の問いに答えなさい。　　　　【(1)12点，(2)8点】

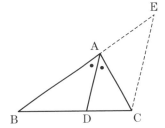

(1)　AB：AC＝BD：DC が成り立つことを証明しなさい。
　　（証明）　点 C を通り，AD に平行な直線をひき，BA の延
　　長との交点を E とする。

(2)　AB＝12cm，BC＝15cm，AC＝8cm のとき，線分 DC の長さを求めなさい。

5 右の図で，△ABC の3つの頂点は円 O の周上にあり，
∠ABC＝∠ACB である。AC 上に点 D をとり，BD 上に
BE＝CD となる点 E をとる。このとき，△ABE≡△ACD
であることを証明しなさい。　　　　　　　　【12点】

（証明）

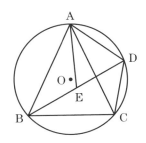

Step-1 >>> |基本を確かめる| → 【解答】58ページ

★ _____ にあてはまる数や図を答えましょう。

① データの分析

⑴ 度数分布表

右の表は, 男子生徒20人のハンドボール投げの記録を度数分布表に整理したものである。

ハンドボール投げの記録

階級(m)	度数(人)
以上　未満	
10 ～ 15	2
15 ～ 20	5
20 ～ 25	7
25 ～ 30	4
30 ～ 35	2
合計	20

●記録が15mの生徒は, ① _____ m以上

② _____ m未満の階級に入る。

●記録が 25m 以上の人は, 全体の ③ _____ ％である。

●20m以上25m未満の階級の相対度数は, $\dfrac{④}{20}$ = ⑤ _____

●最頻値は, ⑥ _____ m である。

⑵ 四分位範囲・箱ひげ図

次のデータは, 10人の生徒が 2 か月間に読んだ本の冊数を小さい順にならべたものである。

2　3　3　4　5　7　8　10　10　15(冊)

・第 1 四分位数は 3 冊, 第 2 四分位数(中央値)は ① _____ 冊,

第 3 四分位数は ② _____ 冊である。

・四分位範囲は ③ _____ 冊である。

・箱ひげ図に表すと, 下のようになる。

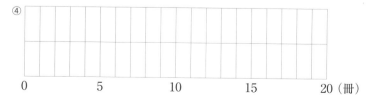

0　　　5　　　10　　　15　　　20 (冊)

2 確率

(1) 2つのさいころ

2つのさいころを同時に投げるとき，出る目の数の和が7になる確率を求める。

A，B2つのさいころの目の出方と出た目の数の和は，右の表のようになる。

A＼B	1	2	3	4	5	6
1	2	3	4	5	6	7
2	3	4	5	6	7	8
3	4	5	6	7	8	9
4	5	6	7	8	9	10
5	6	7	8	9	10	11
6	7	8	9	10	11	12

目の出方は全部で ① 　　　　通り。

和が7になるのは ② 　　　　通り。

したがって，求める確率は，$\dfrac{③}{36}$＝④

(2) 玉の取り出し方

袋の中に，赤玉が2個，白玉が2個入っている。ここから同時に2個の玉を取り出すとき，2個とも同じ色の玉である確率を求める。赤玉を❶，❷，白玉を①，②として，玉の取り出し方を樹形図に表すと，右のようになる。

玉の取り出し方は全部で ① 　　　　通り。

2個とも同じ色である取り出し方は ② 　　　　通り。

したがって，求める確率は，$\dfrac{③}{6}$＝④

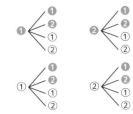

3 標本調査

(1) 標本調査の利用

赤玉と白玉が合わせて 700 個入っている袋から，無作為に 30 個の玉を取り出したとき，その中の赤玉の個数は 12 個だった。この袋の中には，およそ何個の赤玉が入っていると考えられるか。

取り出した30個にふくまれる赤玉の割合は，$\dfrac{①}{30}$＝②

これより，母集団における赤玉の割合も ③ 　　　　であると推測することができる。

赤玉の個数は，およそ，700× ④ 　　　　＝⑤ 　　　　（個）

確認 **起こらない確率**

Aの起こる確率を p とするとき，

A の起こらない確率＝$1-p$

例 　2つのさいころを同時に投げるとき，出る目の数の和が4にならない確率を求める。

（4にならない確率）
＝1－（4になる確率）

出る目の数の和が4になるのは，(1, 3) (2, 2) (3, 1) の3通りだから，確率は，$\dfrac{3}{36}=\dfrac{1}{12}$

4にならない確率は，

$1-\dfrac{1}{12}=\dfrac{11}{12}$

▶▶ **くわしく**

玉を取り出してもとにもどす場合は，(2)と取り出し方が異なる。

例 　袋の中に，青玉が2個，白玉が2個入っている。ここからはじめに玉を1個取り出し，それを袋にもどす。さらに，玉を1個取り出すとき，玉の取り出し方は，次のようになる。

確認

● 全数調査…ある集団について何かを調べるとき，その集団全部について調べること。

● 標本調査…集団の全体のようすを推測するために，集団の一部について調べること。

Step-2 >>> |実力をつける|

→【目標時間】30分 ／【解答】58ページ 　　　点

| 右の表は，40人の生徒の通学時間を調べ，度数分布表に整理したものである。
次の問いに答えなさい。　　　　　　　　　　　　　　　　　　　　　　　【各2点】

(1) アにあてはまる数を求めなさい。

通学時間

階級(分)	度数(人)	相対度数	累積相対度数
以上　未満 0 ～ 5	3	0.075	オ
5 ～ 10	8	0.200	カ
10 ～ 15	ア	イ	キ
15 ～ 20	10	0.250	ク
20 ～ 25	6	ウ	ケ
25 ～ 30	4	エ	コ
合計	40	1.000	

(2) 通学時間の短いほうから数えて20番目の生徒は，
どの階級に入るか。

(3) イ，ウ，エにあてはまる数を求めなさい。

　　　　　　　　　　　　　　　　　イ　　　　　ウ　　　　　エ

(4) 累積相対度数オ～コを求めなさい。

　　　　　　　　オ　　　　カ　　　　キ　　　　ク　　　　ケ　　　　コ

(5) 通学時間が25分未満の生徒は全体の何％か。

2 次の箱ひげ図は，A組とB組それぞれ25人の，20点満点のテストの結果を表した
ものである。この箱ひげ図から読み取れることとして，正しいものに〇，正しくない
ものに×，この図だけではわからないものに△をつけなさい。　　　　　　【各6点】

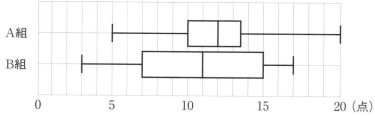

(1) 範囲，四分位範囲とも，B組の結果のほうが大きい。

(2) A組の中央値は12点なので，A組の平均は12点と考えられる。

(3) A組の中央値12点以下の人数と，B組の中央値11点以下の人数は等しい。

(4) B組に15点の人が必ずいるとは言えない。

3 A，B 2つのさいころを同時に投げるとき，次の確率を求めなさい。 【各6点】

(1) 出る目の数の和が 5 になる確率。

(2) 出る目の数の和が 9 以上になる確率。

(3) 出る目の数の和が 4 の倍数になる確率。

4 次の問いに答えなさい。 【各7点】

(1) 袋の中に，赤玉が 3 個，白玉が 2 個入っている。この中から同時に 2 個の玉を取り出すとき， 2 個の玉の色が異なる確率を求めなさい。

(2) 袋の中に，赤玉が 2 個，白玉が 2 個，青玉が 1 個入っている。この中からはじめに玉を 1 個取り出して色を調べ，それを袋の中にもどす。さらに，玉を 1 個取り出して色を調べる。 1 回目と 2 回目に取り出した玉の色が同じである確率を求めなさい。

5 1，2，3，4 の 4 枚のカードがある。この中から続けて 2 枚をひき，はじめにひいたカードを十の位の数，次にひいたカードを一の位の数として 2 けたの整数をつくる。この整数が 3 の倍数になる確率を求めなさい。ただし，ひいたカードはもとにもどさないものとする。 【10点】

6 袋の中に，同じ白玉がたくさん入っている。この袋の中に，白玉と同じ大きさの赤玉150個を入れ，よくかき混ぜてから50個の玉を無作為に取り出したところ，その中に赤玉が 5 個ふくまれていた。はじめに袋の中に入っていた白玉の個数はおよそ何個と推測されるか。百の位までの概数で求めなさい。 【10点】

模擬試験 第1回

［制限時間］50分
［解 答］60ページ

100点満点

点

1 次の計算をしなさい。 （各3点）

(1) $12+8\times(-5)$

［　　　　］

(2) $(-6)^2\div(3-7)$

［　　　　］

(3) $-30xy^2\div\left(-\frac{3}{5}xy\right)$

［　　　　］

(4) $4(2a-b)-5(3a-2b)$

［　　　　］

(5) $\sqrt{3}+\sqrt{12}-\sqrt{75}$

［　　　　］

(6) $(2\sqrt{6}+5)(2\sqrt{6}-5)$

［　　　　］

2 次の問いに答えなさい。 （各3点）

(1) $x=-15$ のとき，$(x-6)(x-9)-(x-7)^2$ の値を求めなさい。

［　　　　］

(2) $(x+6y)(x-6y)-5xy$ を因数分解しなさい。

［　　　　］

(3) $a=\frac{3(b-c)}{2}$ を，c について解きなさい。

［　　　　］

(4) 連立方程式 $\begin{cases}7x+4y=8\\5x+6y=-10\end{cases}$ を解きなさい。

［　　　　］

(5) 2次方程式 $(x-2)(x-4)=5$ を解きなさい。

［　　　　］

3 次の図で，∠x の大きさを求めなさい。 (各4点)

(1)　$\ell \,/\!/\, m$

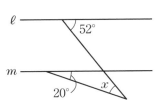

(2)　AB＝AC

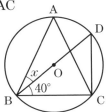

[　　　　　]　　　　[　　　　　]

4 次の問いに答えなさい。 (各4点)

(1)　右の図の △ABC で，点 A を通り △ABC の面積を
　　2等分する直線を作図しなさい。

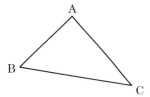

(2)　右の図の直角三角形 ABC を，辺 AC を軸として1回転させてで
　　きる立体の体積を求めなさい。

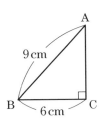

[　　　　　]

5 A，B2つのさいころを同時に投げるとき，A のさいころの出た目の数を a，B のさい
ころの出た目の数を b とする。このとき，次の確率を求めなさい。 (各3点)

(1)　$a+b$ が 5 の倍数になる確率

[　　　　　]

(2)　$\dfrac{a}{b}$ が整数になる確率

[　　　　　]

6 8 ％の食塩水と14％の食塩水を混ぜて，10％の食塩水を900 g つくる。次の問いに答えなさい。

（各5点）

(1) 8 ％の食塩水 x g と14％の食塩水 y g を混ぜるとして，x，y についての連立方程式をつくりなさい。

$$\left[\right]$$

(2) 8 ％の食塩水と14％の食塩水をそれぞれ何 g ずつ混ぜればよいか。

$$\left[\text{8 ％の食塩水…} , \text{14％の食塩水…} \right]$$

7 右の図のように，放物線 $y=ax^2$ と直線 $y=bx+c$ が 2 点 A，B で交わっている。点 A$(-6，18)$，点 B の x 座標が 4 であるとき，次の問いに答えなさい。

（各3点）

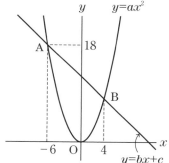

(1) a の値を求めなさい。

$$\left[\right]$$

(2) b，c の値を求めなさい。

$$\left[b= , \ c= \right]$$

(3) 2 点 A，B 間の距離を求めなさい。

$$\left[\right]$$

(4) y 軸上の正の部分に，△OAB＝△OAC となるような点 C をとるとき，点 C の座標を求めなさい。

$$\left[\right]$$

8 右の図で，AB は円 O の直径である。AB 上に点 C をとり，点 A を接点とする円 O の接線上に，AC＝AD となる点 D をとる。BD と円 O との交点を E，AE の延長と点 C を通る AB の垂線との交点を F，BD と CF との交点を G とする。次の問いに答えなさい。 ((1)6点，(2)5点)

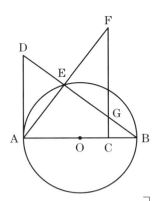

(1) △ABD≡△CFA であることを証明しなさい。

証明
```



```

(2) AD＝12cm，BD＝20cm のとき，FG の長さを求めなさい。

[　　　　　]

9 右の図のような，1辺 6cm の正四面体 ABCD がある。辺 AB の中点を E とし，E と C，D をそれぞれ結ぶ。次の問いに答えなさい。 (各4点)

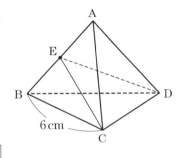

(1) 線分 CE の長さを求めなさい。

[　　　　　]

(2) △ECD の面積を求めなさい。

[　　　　　]

(3) 点 E から面 BCD に垂線をひき，面 BCD との交点を H とする。線分 EH の長さを求めなさい。

[　　　　　]

模擬試験 第2回

[制限時間] 50分
[解 答] 63ページ

100点満点

点

1 次の計算をしなさい。 (各3点)

(1) $\frac{4}{9}-\frac{1}{2}\div\frac{3}{4}$

[ ]

(2) $(-2)^3+(2-3^2)$

[ ]

(3) $\frac{2x+y}{3}-\frac{x+5y}{4}$

[ ]

(4) $(x+4)(x-4)-(x-2)(x+8)$

[ ]

(5) $\sqrt{45}-\frac{20}{\sqrt{5}}$

[ ]

(6) $(\sqrt{3}-\sqrt{6})^2$

[ ]

2 次の問いに答えなさい。 (各3点)

(1) $x=7-\sqrt{3}$ のとき，$x^2-14x+49$ の値を求めなさい。

[ ]

(2) 比例式 $24:x=4:3$ で，x の値を求めなさい。

[ ]

(3) 2次方程式 $x^2+4x-12=5x+8$ を解きなさい。

[ ]

(4) y は x に反比例し，$x=3$ のとき $y=-6$ である。y を x の式で表しなさい。

[ ]

(5) 袋の中に，赤玉が 2 個，白玉が 3 個入っている。この中から同時に 2 個の玉を取り出すとき，少なくとも 1 個は白玉である確率を求めなさい。

[ ]

3 次の図で，∠x の大きさを求めなさい。 (各4点)

(1)

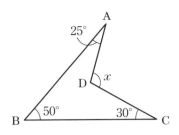

(2)

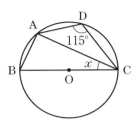

[　　　　　]　　　　　[　　　　　]

4 次の問いに答えなさい。 (各4点)

(1) 右の図で，AB∥PQ∥CD で，AB＝10cm，
CD＝15cm である。PQ の長さを求めなさい。

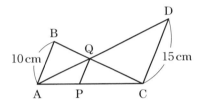

[　　　　　]

(2) 右の図の立方体で，AG＝6cm である。この立方体の 1 辺の
長さを求めなさい。

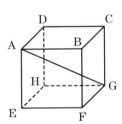

[　　　　　]

5 2 けたの正の整数がある。この整数は，十の位の数と一の位の数の和の 5 倍に等しい。
また，この整数の十の位の数と一の位の数を入れかえてできる整数は，もとの整数より
9 大きくなる。もとの 2 けたの正の整数を求めなさい。 (5点)

[　　　　　]

6 次の(1)〜(3)の箱ひげ図は，⑦〜⑰のどのヒストグラムに対応しているか，適切なものを選び記号で答えなさい。

(各4点)

(1)   (2)   (3)

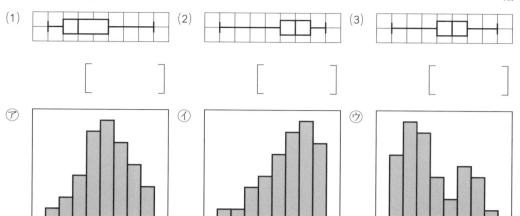

[   ]   [   ]   [   ]

⑦   ⑦   ⑰

7 右の図で，放物線①は $y=\dfrac{1}{2}x^2$，放物線②は $y=ax^2\,(a<0)$ である。点 A は放物線①上の点で，その x 座標は 4 である。点 A を通り y 軸に平行な直線をひき，放物線②との交点を B とする。また，直線③は $y=\dfrac{1}{2}x$ で，AB と点 C で交わり，△OAB の面積を 2 等分している。次の問いに答えなさい。

(各3点)

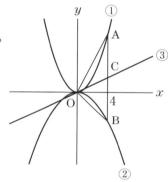

(1) 関数 $y=\dfrac{1}{2}x^2$ で，x の値が 2 から 6 まで増加するときの変化の割合を求めなさい。

[   ]

(2) 線分 AC の長さを求めなさい。

[   ]

(3) a の値を求めなさい。

[   ]

(4) △OAB を辺 AB を軸として 1 回転させてできる立体の体積を求めなさい。ただし，座標の 1 目もりは 1cm とする。

[   ]

8 右の図で，3 点 A，B，C は円 O の周上にある。∠ABC の二等分線と円 O との交点を D とし，D と C を結ぶ。AC と BD の交点を E とし，E を通り DC に平行な直線と BC との交点を F とする。このとき，△ABE∽△EBF であることを証明しなさい。 (6点)

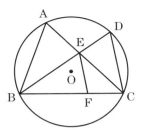

証明

9 右の図 1 のような，母線の長さが 9cm，底面の半径が 3cm の円錐がある。図 2 は，図 1 の円錐の展開図である。次の問いに答えなさい。 (各4点)

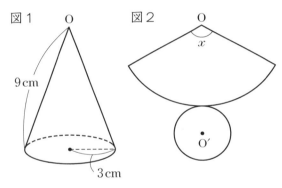

(1) 図 2 で，∠x の大きさを求めなさい。

[   ]

(2) 円錐の表面積を求めなさい。

[   ]

(3) 円錐の体積を求めなさい。

[   ]

(4) 図 3 のように，円錐の底面の円周上の点 A から側面をひとまわりするようにひもをかける。ひもの長さが最短になるとき，このひもの長さを求めなさい。

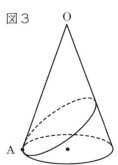

[   ]

重要公式・定理のまとめ

◆ 数・式の計算

☑ かっこのはずし方

$+(a+b) \rightarrow +a+b$　　$-(a+b) \rightarrow -a-b$

$+(a-b) \rightarrow +a-b$　　$-(a-b) \rightarrow -a+b$

ミス注意 例 $-2(3a+4b)$
$\rightarrow -6a \times 8b$
$\rightarrow -6a - 8b$

うしろの項の符号を変え忘れない。

☑ 平方根の変形

$a\sqrt{b} = \sqrt{a^2 b}$

$(a>0,\ b>0)$

☑ 分母の有理化

$\dfrac{a}{\sqrt{b}} = \dfrac{a \times \sqrt{b}}{\sqrt{b} \times \sqrt{b}}$
$= \dfrac{a\sqrt{b}}{b}$

☑ 平方根の乗除

$\sqrt{a} \times \sqrt{b} = \sqrt{ab}$

$\sqrt{a} \div \sqrt{b} = \sqrt{\dfrac{a}{b}}$

☑ 平方根の加減

$m\sqrt{a} + n\sqrt{a} = (m+n)\sqrt{a}$

$m\sqrt{a} - n\sqrt{a} = (m-n)\sqrt{a}$

☑ 乗法公式と因数分解 超重要

――――― 乗法公式 ―――――▶

$(x+a)(x+b) = x^2 + (a+b)x + ab$

$(x+a)^2 = x^2 + 2ax + a^2$

$(x-a)^2 = x^2 - 2ax + a^2$

$(x+a)(x-a) = x^2 - a^2$

◀――――― 因数分解 ―――――

☑ 整数の表し方

m, n を整数とすると,

偶数 → $2m$,　奇数 → $2n+1$,　a の倍数 → an

連続する 3 つの整数 → n,　$n+1$,　$n+2$

a でわると商が p で q 余る数 → $ap+q$

十の位の数が x,　一の位の数が y の 2 けたの

自然数 → $10x+y$

◆ 方程式

☑ 移項

例　$5x - 2 = 3x + 4$

$5x - 3x = 4 + 2$

ミス注意　移項するときは,
項の符号が変わる。

☑ 比例式の性質

$a:b = c:d$ ならば,

$\underline{ad} = \underline{bc}$

☑ 連立方程式の加減法

左辺どうし, 右辺どうしをたしたり
ひいたりして, 1つの文字を消去。

例
$$\begin{array}{r} 3x + y = 7 \\ +)\ 2x - y = 3 \\ \hline 5x \quad\ = 10 \end{array}$$ ←yを消去

☑ 2次方程式の因数分解
を利用する解き方

$(x-a)(x-b) = 0$

ならば,　$x=a$,　$x=b$

☑ 2次方程式の解の公式 超重要

$ax^2 + bx + c = 0\ (a \neq 0)$ の解

$x = \dfrac{-b \pm \sqrt{b^2 - 4ac}}{2a}$

得点アップ♪

$ax^2 + 2b'x + c = 0\ (a \neq 0)$ の解

$x = \dfrac{-b' \pm \sqrt{b'^2 - ac}}{a}$

◆ 関数

☑ 比例

式 → $y = ax\,(a \neq 0)$

グラフは，**原点を通る直線**。

☑ 反比例

式 → $y = \dfrac{a}{x}\,(a \neq 0)$

グラフは，**双曲線**。

対称な点の座標

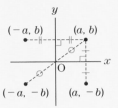

☑ 1次関数 超重要

式 → $y = ax + b\,(a \neq 0)$

グラフは，

傾きが a，切片が b

の直線。

☑ 変化の割合

変化の割合 $= \dfrac{y \text{ の増加量}}{x \text{ の増加量}}$

$y = ax + b$ の変化の割合 → 一定で a の値に等しい。

$y = ax^2$ の変化の割合 → 一定ではない。

☑ 2直線の交点の座標

$y = ax + b,\ y = cx + d$ の交点Pの座標の求め方 → 連立方程式 $\begin{cases} y = ax + b \\ y = cx + d \end{cases}$ を解く ⇒ $x = p,\ y = q$　P$(p,\ q)$

☑ 2乗に比例する関数 超重要

式 → $y = ax^2\,(a \neq 0)$

グラフは，原点を

頂点とし，y 軸に

ついて対称な放物線。

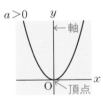 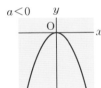

関数 $y = ax^2$ で，x の値が p から q まで増加するときの変化の割合は，$a(p+q)$

◆ データの活用

☑ 確率の求め方

Aの起こる確率 → $p = \dfrac{a}{n}$ ←Aの起こる場合の数 ←すべての起こりうる場合の数

☑ 相対度数

相対度数 $= \dfrac{\text{その階級の度数}}{\text{度数の合計}}$

☑ 標本調査

集団の全体のようすを推測

するために，集団の一部に

ついて調べること。

☑ 起こらない確率

Aの起こる確率を p とすると，

Aの起こらない確率 $= 1 - p$

☑ 箱ひげ図

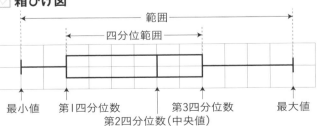

◆ 図形

☑ 平行線と角

$\ell /\!/ m$ ならば $\begin{cases} \angle a = \angle c \\ \angle b = \angle c \end{cases}$

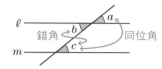

錯角　同位角

☑ 三角形と角

$\angle a + \angle b + \angle c = 180°$

$\angle a + \angle b = \angle d$

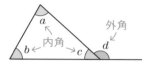

外角　内角

☑ 二等辺三角形の角

$AB = AC$ ならば，

$\angle B = \angle C$

頂角　底角

☑ 垂直二等分線

2 点 A，B からの距離が等しい点は，線分 AB の垂直二等分線上にある。

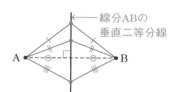

線分ABの垂直二等分線

☑ 角の二等分線

角の 2 辺 OA，OB までの**距離が等しい点は，∠AOB の二等分線上にある。**

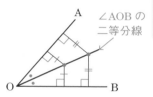

∠AOB の二等分線

得点アップ↗

- 正 n 角形の1つの内角の大きさ
  $\rightarrow \dfrac{180° \times (n-2)}{n}$
  内角の和
- 正 n 角形の1つの外角の大きさ
  $\rightarrow \dfrac{360°}{n}$
  外角の和

☑ 円周角の定理 超重要

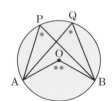

$$\angle P = \angle Q = \frac{1}{2}\angle AOB$$

☑ 半円の弧に対する円周角

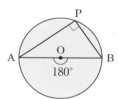

$$\angle APB = 90°$$

☑ 円の半径と接線

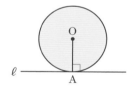

$$\ell \perp OA$$

得点アップ↗

- おうぎ形の面積

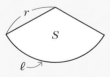

$$S = \frac{1}{2}\ell r$$

- 平行四辺形のとなり合う角の和は **180°**

和が180°

- 円外の 1 点からその円にひいた 2 つの接線の長さは等しい。

$$PA = PB$$

- $\angle BAD = \angle CAD$ ならば，
  $AB : AC = BD : DC$

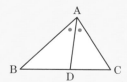

☑ **三角形の合同条件** 超重要

❶ 3 組の辺がそれぞれ等しい。

❷ 2 組の辺とその間の角がそれぞれ等しい。

❸ 1 組の辺とその両端の角がそれぞれ等しい。

☑ **三角形の相似条件** 超重要

❶ 3 組の辺の比がすべて等しい。

❷ 2 組の辺の比とその間の角がそれぞれ等しい。

❸ 2 組の角がそれぞれ等しい。

☑ **三角形と比**

DE//BC ならば,

①AD : AB＝AE : AC＝DE : BC

②AD : DB＝AE : EC

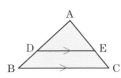

☑ **相似な図形の面積の比**

相似比が $m:n$ ならば,

面積の比は, $m^2:n^2$

☑ **中点連結定理**

辺AB, ACの中点をM, Nとすると,

$$MN//BC, \quad MN＝\frac{1}{2}BC$$

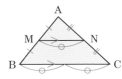

☑ **相似な立体の体積の比**

相似比が $m:n$ ならば,

表面積の比は, $m^2:n^2$

体積の比は, $m^3:n^3$

☑ **円柱の表面積 S・体積 V**

$$S＝2\pi rh＋2\pi r^2$$
$$V＝\pi r^2 h$$

☑ **円錐の体積 V**

$$V＝\frac{1}{3}\pi r^2 h$$

☑ **球の表面積 S・体積 V**

$$S＝4\pi r^2$$
$$V＝\frac{4}{3}\pi r^3$$

☑ **三平方の定理** 超重要

$$a^2＋b^2＝c^2$$

☑ **特別な直角三角形の3辺の比**

3 辺の比
$2:1:\sqrt{3}$

3 辺の比
$1:1:\sqrt{2}$

得点アップ↗

直角三角形の 3 辺の
比が整数となる組

(**3, 4, 5**)

(**5, 12, 13**)

(**8, 15, 17**)

(**7, 24, 25**)

☑ **座標平面上の2点間の距離**

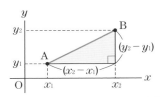

$$AB＝\sqrt{(x_2－x_1)^2＋(y_2－y_1)^2}$$

☑ **直方体の対角線の長さ**

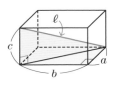

$$\ell＝\sqrt{a^2＋b^2＋c^2}$$

☑ **円錐の高さ**

$$h＝\sqrt{\ell^2－r^2}$$

編集協力	㈱シー・キューブ
イラスト	生駒さちこ, 坂本奈緒
カバー・本文デザイン	星光信（Xing Design）
DTP	㈱明昌堂　データ管理コード：23-2031-1493（2020）★

解答と解説

高校入試 中学3年分をたった7日で総復習
\\改訂版\\

数学

Gakken

▶ 点線にそって切り取って使えます。

数と式 ①

数と計算，式と計算，平方根

Step-1 >>> | 基本を確かめる | ▶4ページ

解答

① (1) ① +4　② −5　③ $-\dfrac{5}{3}$　④ −25

(2) ① −21　② −13　③ 16　④ 8

⑤ 2

② (1) ① $8x$　　② $5x-10y$

③ $3x-4y$

(2) ① $\dfrac{2}{3}$　　② xy　　③ $8x^2y^3$

④ $20a^2b$　⑤ $-\dfrac{5a}{b}$

(3) ① $-6y$　　　② $-\dfrac{3}{2}y+3$

③ (1) ① 24　② 25　③ <　④ 9

⑤ 16　⑥ 10, 11, 12, 13, 14, 15

⑦ $\sqrt{6}$　⑧ $\sqrt{6}$　⑨ $9\sqrt{6}$　⑩ $\dfrac{3\sqrt{6}}{4}$

(2) ① 36 (2×18)　② 6　③ $3\sqrt{5}$

④ $2\sqrt{5}$　⑤ $\sqrt{5}$　⑥ $2\sqrt{3}$

⑦ $4\sqrt{3}$　⑧ $6\sqrt{3}$

Step-2 >>> | 実力をつける | ▶6ページ

解答

① (1) $-\dfrac{7}{18}$　(2) 1　(3) 9　(4) $-\dfrac{2}{3}$

(5) 18　(6) −17　(7) 50　(8) −5

② (1) $-6a-8$　　(2) $9x+10y$

(3) $-\dfrac{2}{3}x^2y^2$　(4) $8y^2$

(5) $-2ab$　　(6) $\dfrac{x-y}{18}$

③ (1) イ，エ　　(2) $b=\dfrac{5a+2c}{3}$

(3) −30　　(4) $\dfrac{12}{\sqrt{3}}<7<5\sqrt{2}$

(5) 18, 32, 42, 48

④ (1) 4　　(2) $-\sqrt{2}$　(3) $-3\sqrt{6}$

(4) $5\sqrt{5}$　(5) $\sqrt{2}$　(6) $4-3\sqrt{6}$

解説

① (1) $\dfrac{4}{9}-\dfrac{5}{6}=\dfrac{8}{18}-\dfrac{15}{18}=-\dfrac{7}{18}$

(2) $4-(+8)-(-5)=4-8+5=9-8=1$

(3) $-12\times\left(-\dfrac{3}{4}\right)=12\times\dfrac{3}{4}=3\times3=9$

(4) $\dfrac{8}{15}\div\left(-\dfrac{4}{5}\right)=\dfrac{8}{15}\times\left(-\dfrac{5}{4}\right)=-\left(\dfrac{8}{15}\times\dfrac{5}{4}\right)$

$=-\dfrac{2}{3}$

(5) $4\times6+(-18)\div3=24+(-6)=24-6=18$

(6) $(-2)^3-3^2=-8-9=-17$

(7) $20-5\times(3-9)=20-5\times(-6)$

$=20-(-30)=20+30=50$

(8) $3-(-6)^2\div\dfrac{9}{2}=3-36\times\dfrac{2}{9}=3-8=-5$

② (1) $(2a-5)-(8a+3)$

$=2a-5-8a-3$

$=2a-8a-5-3$

$=-6a-8$

(2) 分配法則を使ってかっこをはずし，同類項をまとめる。

$3(x+6y)+2(3x-4y)$

$=3x+18y+6x-8y$

$=9x+10y$

(3) $\dfrac{3}{2}x^2y\times\left(-\dfrac{4}{9}y\right)$

$=\dfrac{3}{2}\times\left(-\dfrac{4}{9}\right)\times x^2y\times y$

$=-\dfrac{2}{3}x^2y^2$

(4) $(-4xy)^2\div2x^2$

$=16x^2y^2\div2x^2$

$=\dfrac{16x^2y^2}{2x^2}=8y^2$

(5) 乗除混合計算は，かける式を分子，わる式を分母とする分数の形にして計算する。

$6ab^2\div(-9a^2b)\times3a^2$

$=-\dfrac{6ab^2\times3a^2}{9a^2b}$

$=-\dfrac{6\times3\times ab^2\times a^2}{9a^2b}=-2ab$

(6) 通分して，分子の同類項をまとめる。

$$\frac{3x-5y}{6}-\frac{4x-7y}{9}$$

$$=\frac{3(3x-5y)-2(4x-7y)}{18}$$

$$=\frac{9x-15y-8x+14y}{18}=\frac{x-y}{18}$$

3 (1) $a=2$, $b=3$ とすると，

ア　$a+b=2+3=5$

イ　$a-b=2-3=-1$

ウ　$a\times b=2\times3=6$

エ　$a\div b=2\div3=\dfrac{2}{3}$

このように，自然数どうしの加法・乗法の結果はつねに自然数になるが，減法・除法の結果は自然数にならない場合がある。

(2)

$$a=\frac{3b-2c}{5}$$

両辺を入れかえる。

$$\frac{3b-2c}{5}=a$$

両辺に5をかける。

$$3b-2c=5a$$

$-2c$を移項する。

$$3b=5a+2c$$

両辺を3でわる。

$$b=\frac{5a+2c}{3}$$

(3) $8x^2y\times6xy^2\div(-4xy)^2$

$$=8x^2y\times6xy^2\div16x^2y^2$$

$$=\frac{8x^2y\times6xy^2}{16x^2y^2}$$

$$=3xy=3\times2\times(-5)=-30$$

(4) $7=\sqrt{49}$, $5\sqrt{2}=\sqrt{50}$,

$$\frac{12}{\sqrt{3}}=\frac{12\sqrt{3}}{3}=4\sqrt{3}=\sqrt{48}$$

$48<49<50$ だから，$\sqrt{48}<\sqrt{49}<\sqrt{50}$

したがって，$\dfrac{12}{\sqrt{3}}<7<5\sqrt{2}$

(5) $100-2a$は100より小さい自然数で，さらに偶数になる。このような数のうちで，自然数の2乗になる数を求めると，

4，16，36，64

これより，

$100-2a=4$ のとき，$a=48$

$100-2a=16$ のとき，$a=42$

$100-2a=36$ のとき，$a=32$

$100-2a=64$ のとき，$a=18$

4 (1) $8\sqrt{20}\div4\sqrt{5}$

$$=\frac{8\sqrt{20}}{4\sqrt{5}}=2\sqrt{4}$$

$$=2\times2=4$$

(2) $\sqrt{8}+\sqrt{18}-\sqrt{72}$

$$=2\sqrt{2}+3\sqrt{2}-6\sqrt{2}$$

$$=-\sqrt{2}$$

(3) $\sqrt{24}-\dfrac{30}{\sqrt{6}}$

$$=2\sqrt{6}-\frac{30\sqrt{6}}{6}$$

$$=2\sqrt{6}-5\sqrt{6}=-3\sqrt{6}$$

(4) $\dfrac{10}{\sqrt{5}}+\sqrt{3}\times\sqrt{15}$

$$=\frac{10\sqrt{5}}{5}+\sqrt{3}\times\sqrt{3}\times\sqrt{5}$$

$$=2\sqrt{5}+3\sqrt{5}=5\sqrt{5}$$

(5) $\sqrt{32}-\sqrt{54}\div\sqrt{3}$

$$=\sqrt{32}-\frac{\sqrt{54}}{\sqrt{3}}=\sqrt{32}-\sqrt{\frac{54}{3}}$$

$$=\sqrt{32}-\sqrt{18}$$

$$=4\sqrt{2}-3\sqrt{2}$$

$$=\sqrt{2}$$

(6) $\sqrt{2}(2\sqrt{2}-\sqrt{3})-\sqrt{24}$

$$=\sqrt{2}\times2\sqrt{2}-\sqrt{2}\times\sqrt{3}-2\sqrt{6}$$

$$=4-\sqrt{6}-2\sqrt{6}$$

$$=4-3\sqrt{6}$$

2日目 数と式 ②

式の展開, 因数分解, 式の利用

Step-1 >>> |基本を確かめる| ▶8ページ

解答

1 (1) ① $+5x$ ② -20
     ③ $2x^2-3x-20$

(2) ① $2+6$ ② 2×6
     ③ $x^2+8x+12$ ④ 2×5
     ⑤ 5 ⑥ $a^2+10a+25$
     ⑦ y ⑧ 8
     ⑨ y^2-64

2 (1) ① $2x$ ② $4b$ ③ 3

(2) ① $2+4$ ② 2×4
     ③ $(x+2)(x+4)$ ④ 5
     ⑤ 5 ⑥ $(a-5)^2$

(3) ① 2 ② 2 ③ 3 ④ 5
     ⑤ $2^3\times3\times5$

3 (1) ① $4x$ ② $3y$ ③ 100
     ④ $\dfrac{1}{20}$ ⑤ $\dfrac{1}{20}$ ⑥ $\dfrac{x}{20}$

(2) ① x^2-6x+9 ② $x^2-9x+14$
     ③ $3x-5$ ④ 25 ⑤ 70

Step-2 >>> |実力をつける| ▶10ページ

解答

1 (1) $6x^2-5xy-4y^2$ (2) $x^2-6x-27$
(3) $16a^2-b^2$ (4) $4x^2-12x+9$
(5) $2a^2+6a-72$ (6) $-x+8$

2 (1) -2 (2) $8-4\sqrt{3}$
(3) -9 (4) $-2\sqrt{5}-14$

3 (1) $(x-2)(x-7)$ (2) $(x+7y)(x-7y)$
(3) $3y(x-2)(x-4)$ (4) $(x-3)^2$

4 (1) 60 (2) 5

5 (1) $1000-\dfrac{4}{5}x$(円)

または $1000-0.8x$(円)

(2) $\dfrac{5a+4b}{9}=c$ (3) $\dfrac{7}{12}a<b$

---

6 15

7 （証明） n を整数とすると, 小さいほうの奇数は $2n+1$, 大きいほうの奇数は $2n+3$ と表せる。

2つの奇数の2乗の差は,

$(2n+3)^2-(2n+1)^2$

$=4n^2+12n+9-(4n^2+4n+1)$

$=4n^2+12n+9-4n^2-4n-1$

$=8n+8=8(n+1)$

$n+1$ は整数だから, $8(n+1)$ は8の倍数である。

したがって, 連続する2つの奇数で, 大きいほうの奇数の2乗から小さいほうの奇数の2乗をひいた差は8の倍数である。

解説 ···

1 (1) $(2x+y)(3x-4y)$

$=2x\times3x+2x\times(-4y)+y\times3x+y\times(-4y)$

$=6x^2-8xy+3xy-4y^2$

$=6x^2-5xy-4y^2$

(2) $(x+3)(x-9)$

$=x^2+(3-9)x+3\times(-9)$

$=x^2-6x-27$

(3) $4a$ を1つの文字と考える。

$(4a+b)(4a-b)=(4a)^2-b^2$

$=16a^2-b^2$

(4) $2x$ を1つの文字と考える。

$(2x-3)^2$

$=(2x)^2-2\times3\times2x+3^2$

$=4x^2-12x+9$

(5) $(a-9)(a+9)+(a+3)^2$

$=a^2-81+a^2+6a+9$

$=2a^2+6a-72$

(6) $(x-6)^2-(x-4)(x-7)$

$=x^2-12x+36-(x^2-11x+28)$

$=x^2-12x+36-x^2+11x-28$

$=-x+8$

2 根号をふくむ式も，分配法則や乗法公式を利用できる。

(1) $(\sqrt{7}+3)(\sqrt{7}-3)$
$=(\sqrt{7})^2-3^2$
$=7-9$
$=-2$

(2) $(\sqrt{6}-\sqrt{2})^2$
$=(\sqrt{6})^2-2\times\sqrt{2}\times\sqrt{6}+(\sqrt{2})^2$
$=6-2\sqrt{12}+2$
$=8-2\times2\sqrt{3}=8-4\sqrt{3}$

(3) $(\sqrt{3}+2)(\sqrt{3}-6)+\sqrt{48}$
$=(\sqrt{3})^2+(2-6)\sqrt{3}+2\times(-6)+4\sqrt{3}$
$=3-4\sqrt{3}-12+4\sqrt{3}=-9$

(4) $\dfrac{20}{\sqrt{5}}-(\sqrt{5}+3)^2=\dfrac{20\sqrt{5}}{5}-(5+6\sqrt{5}+9)$
$=4\sqrt{5}-(14+6\sqrt{5})$
$=4\sqrt{5}-14-6\sqrt{5}$
$=-2\sqrt{5}-14$

3 (1) $x^2-9x+14$
$=x^2+\{(-2)+(-7)\}x+(-2)\times(-7)$
$=(x-2)(x-7)$

(2) x^2-49y^2
$=x^2-(7y)^2$
$=(x+7y)(x-7y)$

(3) まず**共通因数をくくり出し**，さらに公式を使ってかっこの中を因数分解する。
$3x^2y-18xy+24y$
$=3y(x^2-6x+8)$
$=3y(x-2)(x-4)$

(4) $(x+2)(x-8)+25$
$=x^2-6x-16+25$
$=x^2-6x+9=(x-3)^2$

4 (1) 式を展開して，できるだけ簡単な形にしてから，数を代入する。
$(a-8b)(a+2b)-(a+4b)(a-4b)$
$=a^2-6ab-16b^2-(a^2-16b^2)$
$=a^2-6ab-16b^2-a^2+16b^2$
$=-6ab$
$=-6\times5\times(-2)=60$

(2) 代入する式を因数分解してから，x の値を代入する。
$x^2-2x+1=(x-1)^2$
$=(\sqrt{5}+1-1)^2=(\sqrt{5})^2=5$

5 (1) 定価 x 円の 2 割引きの値段は，
$x\times\left(1-\dfrac{2}{10}\right)=\dfrac{4}{5}x$（円）

(2) 平均点は，
$\dfrac{\text{男子の得点の合計＋女子の得点の合計}}{\text{全体の人数}}$
だから，
$\dfrac{20a+16b}{20+16}=\dfrac{20a+16b}{36}=\dfrac{5a+4b}{9}$（点）

(3)

行きにかかった時間	＋	帰りにかかった時間	＝	全体のかかった時間
⋮		⋮		⋮
$\dfrac{a}{4}$	＋	$\dfrac{a}{3}$	＝	$\dfrac{7a}{12}$

6 240を素因数分解すると，$240=2^4\times3\times5$
$2^4\times3\times5$ に 3×5 をかけると，
$2^4\times3\times5\times3\times5=2^4\times3^2\times5^2=(2^2\times3\times5)^2$
$=60^2$ より，かける自然数は，$3\times5=15$

7 別解

小さいほうの奇数を $2n-1$，大きいほうの奇数を $2n+1$ と表すと，2 つの数の 2 乗の差は，次のように表せる。
$(2n+1)^2-(2n-1)^2$
$=4n^2+4n+1-(4n^2-4n+1)$
$=4n^2+4n+1-4n^2+4n-1=8n$

3日目 方程式

1次方程式, 連立方程式, 2次方程式

Step-1 >>> | 基本を確かめる | ▶12ページ

▶12ページ

解答

①(1)① $-4x$ ② -6 ③ -15 ④ -5
(2)① 6 ② 6
③ $2x+30$ ④ 12

②(1)① $4x+2y$ ② $3x$ ③ 2
④ 2 ⑤ 4 $(2×2)$ ⑥ -5
(2)① $4x-20$ ② $7x$ ③ 4
④ 4 ⑤ 4 ⑥ -1

③(1)① $\sqrt{6}$ ② $-1\pm\sqrt{6}$
(2)① 3 ② 6
③ -3 (6) ④ 6 (-3)
(3)① 7 ② 7 ③ 3 ④ 1
⑤ 3 ⑥ 7 ⑦ 49 ⑧ 12
⑨ 6 ⑩ 7 ⑪ 37 ⑫ 6

Step-2 >>> | 実力をつける | ▶14ページ

▶14ページ

解答

1 (1) $x=-4$ (2) $x=2$
(3) $x=8$ (4) $x=-3$

2 (1) $x=3, \ y=2$ (2) $x=-4, \ y=3$
(3) $x=-1, \ y=-3$ (4) $x=6, y=-10$

3 (1) $x=3\pm5\sqrt{2}$ (2) $x=-3, \ x=8$
(3) $x=\dfrac{-3\pm\sqrt{17}}{4}$ (4) $x=-4$

4 (1) $x=18$ (2) $x=5$

5 (1) $a=4$ (2) $x=-9$

6 13人

7 12km

8 7, 8, 9

解説

 (1) $2x-9=8x+15$,
$2x-8x=15+9$,
$-6x=24, \ x=-4$

(2) $3(4x-5)=7x-5$,
$12x-15=7x-5$,
$12x-7x=-5+15$,
$5x=10, \ x=2$

(3) $x-4=0.6x-0.8$,
$(x-4)×10=(0.6x-0.8)×10$,
$10x-40=6x-8, \ 4x=32, \ x=8$

(4) $\dfrac{x-5}{4}=\dfrac{5x+3}{6}$,

$\dfrac{x-5}{4}×12=\dfrac{5x+3}{6}×12$,

$3(x-5)=2(5x+3), \ 3x-15=10x+6$,
$-7x=21, \ x=-3$

2 それぞれの連立方程式の上の式を①, 下の式を②とする。

(1) ①×3 $\quad 6x+9y=36$
② $\quad \underline{-)\ 6x-5y=8}$
$\qquad\qquad 14y=28, \ y=2$
①に $y=2$ を代入して, $2x+6=12$,
$2x=6, \ x=3$

(2) ①に②を代入して, $5x+4(x+7)=-8$,
$5x+4x+28=-8, \ 9x=-36, \ x=-4$
②に $x=-4$ を代入して, $y=-4+7=3$

(3) ①×3 $\quad 21x-6y=-3$
②×2 $\underline{-)\ 8x-6y=10}$
$\qquad 13x \qquad =-13, \ x=-1$
①に $x=-1$ を代入して, $-7-2y=-1$,
$-2y=6, \ y=-3$

(4) 下の式は, 3 と 5 の最小公倍数15をかけて係数を整数に直す。
① $\qquad\quad 4x+3y=-6$
②×15 $\underline{+)\ 10x-3y=90}$
$\qquad 14x \qquad =84, \ x=6$
①に $x=6$ を代入して, $24+3y=-6$,
$3y=-30, \ y=-10$

3 (1) $(x-3)^2=50, \ x-3=\pm\sqrt{50}$,
$x-3=\pm5\sqrt{2}, \ x=3\pm5\sqrt{2}$
(2) $x^2-5x-24=0, \ (x+3)(x-8)=0$,
$x=-3, \ x=8$

(3) 解の公式にあてはめて，

$$x=\dfrac{-3\pm\sqrt{3^2-4\times2\times(-1)}}{2\times2}$$

$$=\dfrac{-3\pm\sqrt{9+8}}{4}=\dfrac{-3\pm\sqrt{17}}{4}$$

(4) まず式を計算して，（2次式）＝0 の形に
する。

$(x+6)^2=4(x+5)$，

$x^2+12x+36=4x+20$，

$x^2+8x+16=0$，　$(x+4)^2=0$，　$x=-4$

方程式 $(x+■)^2=0$ の解は，$x=-■$ の
1つだけである。

4　比の性質 $a:b=c:d$ ならば，$ad=bc$
を利用する。

(1) $x:30=3:5$，　$5x=90$，　$x=18$

(2) $21:12=(x+9):8$，　$21\times8=12(x+9)$，

$$x+9=\dfrac{21\times8}{12}，\quad x+9=14，\quad x=5$$

5　(1) $x+a=ax-5$ に $x=3$ を代入すると，

$3+a=a\times3-5$，　$3+a=3a-5$，

$-2a=-8$，　$a=4$

(2) $x^2+ax-18=0$ に $x=2$ を代入すると，

$2^2+a\times2-18=0$，　$2a=14$，　$a=7$

これより，もとの方程式は，

$x^2+7x-18=0$

これを解くと，$(x-2)(x+9)=0$，

$x=2$，$x=-9$

もう1つの解は，$x=-9$

6　画用紙の枚数を図
で表すと，右のよ
うになる。
子どもの人数を
x 人とする。

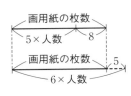

5枚ずつ配ったときの画用紙の枚数は，

$5x+8$（枚）

6枚ずつ配ったときの画用紙の枚数は，

$6x-5$（枚）

方程式は，$5x+8=6x-5$

これを解くと，$x=13$

これは問題にあっている。

↑── 解の検討をして，答えとして
適しているかを調べる。

7　A町から図書館までの道のりを x km，図書
館からB町までの道のりを y km とする。

道のりの関係から，$x+y=20$　　……①

時間の関係から，$\dfrac{x}{8}+\dfrac{10}{60}+\dfrac{y}{6}=3$……②

②の式は分母の8, 6の最小公倍数24をかけ
て，係数を整数に直す。

$3x+4+4y=72$

この式に①を代入すると，

$3(20-y)+4+4y=72$

これを解くと，$y=8$，$x=20-8=12$

これは問題にあっている。

別解

A町から図書館までの道のりを x kmとす
ると，図書館からB町までの道のりは
$20-x$ (km) と表される。

$$\dfrac{x}{8}+\dfrac{10}{60}+\dfrac{20-x}{6}=3$$

この方程式を解くと，$x=12$

8　連続する3つの自然数を x，$x+1$，$x+2$ と
する。

方程式は，$x^2=3\{(x+1)+(x+2)\}-2$

これを解くと，

$x^2=3(2x+3)-2$，

$x^2-6x-7=0$，　$(x+1)(x-7)=0$

$x=-1$，$x=7$

x は自然数だから，$x=-1$ は問題にあわな
い。$x=7$ のとき，連続する3つの自然数は，
7, 8, 9 となり，これらは問題にあっている。

関数

4日目

比例・反比例，1次関数，2乗に比例する関数

Step-1 >>> | 基本を確かめる | ▶16ページ

解答

① (1) ① -9 ② 6

   ③ $-\dfrac{3}{2}$ ④ $-\dfrac{3}{2}x$

   (2) ① 8 ② 3 ③ 24

   ④ $\dfrac{24}{x}$ ⑤ 24 ⑥ -6

② (1) ① 変化の割合 ② 3 ③ 15

   (2) ① -2 ② 3 ③ -2

   ④ $3a$ ⑤ $\dfrac{3}{5}x-\dfrac{4}{5}$

③ (1) ① 12 ② 2 ③ 3 ④ $3x^2$

   (2) ① -4 ② -8 ③ 0 ④ 0

   ⑤ -8 ⑥ 0

   (3) ① 4 ② 1 ③ 30 ④ 10

解説

① (1) y が x に比例 → $y=ax$ とおいて，x，y の値を代入して，a の値を求める。

   (2) y が x に反比例 → $y=\dfrac{a}{x}$ とおいて，x，y の値を代入して，a の値を求める。
   反比例の式は，$xy=a$ とおくこともできる。

② (2) グラフが通る2点の座標をよみとる。
   → $y=ax+b$ に2点の x 座標，y 座標の値をそれぞれ代入して，a，b についての連立方程式をつくる。
   →連立方程式を解き，a，b の値を求める。

③ (1) y が x の2乗に比例 → $y=ax^2$ とおいて，x，y の値を代入して，a の値を求める。

   (2) $a<0$ で，x の変域に 0 をふくむので，$x=0$ のとき，y は最大値 0 をとる。

Step-2 >>> | 実力をつける | ▶18ページ

解答

1 (1) $y=\dfrac{3}{4}x$ (2) $y=-\dfrac{10}{x}$

2 (1) $a=12$ (2) $\mathrm{B}(-2,\ -6)$

   (3) 12個

3 (1) $y=-2x-5$

   (2) 右の図

   (3) $\left(\dfrac{8}{3},\ -\dfrac{4}{3}\right)$

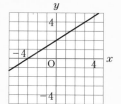

4 (1) 24 (2) $y=-\dfrac{5}{2}x$

5 (1) $y=-12$ (2) $a=1$ (3) $a=-\dfrac{1}{2}$

6 (1) $y=\dfrac{1}{4}x^2$ (2) $y=\dfrac{1}{2}x+12$

解説

1 (1) グラフは点 $(4,\ 3)$ を通るから，$y=ax$ に $x=4$，$y=3$ を代入して，a の値を求める。

   (2) グラフは点 $(2,\ -5)$ を通るから，$y=\dfrac{a}{x}$ に $x=2$，$y=-5$ を代入して，a の値を求める。
   点 $(5,\ -2)$，$(-2,\ 5)$，$(-5,\ 2)$ などの座標を代入してもよい。

2 (1) 点Aは $y=3x$ のグラフ上の点だから，$y=3\times2=6$　これより，$\mathrm{A}(2,\ 6)$
   また，点Aは $y=\dfrac{a}{x}$ のグラフ上の点でもあるから，$6=\dfrac{a}{2}$，$a=12$

   (2) 点 $(p,\ q)$ と原点について対称な点の座標は $(-p,\ -q)$

   (3) $y=\dfrac{12}{x}$ で，x の値が12の約数になるとき，y の値は整数になる。

3 (1) **平行な直線は傾きが等しい**から，求める直線の式は $y=-2x+b$ とおける。
   この直線は点 $(-4,\ 3)$ を通るから，$3=-2\times(-4)+b$，$b=-5$
   したがって，直線の式は，$y=-2x-5$

(2) $2x-3y=-6$ を y について解くと，

$-3y=-2x-6$, $y=\dfrac{2}{3}x+2$

これより，切片が 2，傾きが $\dfrac{2}{3}$ の直線をかく。

(3) 直線①は，切片が 4，傾きが -2 だから，

$y=-2x+4$ ……①

直線②は，切片が -2，傾きが $\dfrac{1}{4}$ だから，

$y=\dfrac{1}{4}x-2$ ……②

①，②を連立方程式として解くと，

$x=\dfrac{8}{3}$, $y=-\dfrac{4}{3}$

交点の座標は，$\left(\dfrac{8}{3},\ -\dfrac{4}{3}\right)$

4 (1) 直線 AB の式を $y=ax+b$ とおくと，この直線は 2 点A$(-8,\ 8)$，B$(4,\ 2)$ を通るから，$\begin{cases} 8=-8a+b & ……① \\ 2=4a+b & ……② \end{cases}$

①，②を連立方程式として解くと，

$a=-\dfrac{1}{2}$, $b=4$

直線 AB の式は，$y=-\dfrac{1}{2}x+4$

直線 AB と y 軸との交点をCとすると，

C$(0,\ 4)$

$\triangle$OAB

$=\triangle$OAC$+\triangle$OBC

$=\dfrac{1}{2}\times4\times8+\dfrac{1}{2}\times4\times4=16+8=24$

(2) 求める直線は点Oと線分AB の中点を通る。

線分ABの中点をMとすると，点Mの座標は，

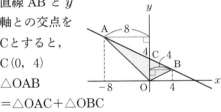

$\left(\dfrac{-8+4}{2},\ \dfrac{8+2}{2}\right)=(-2,\ 5)$

直線OMは，原点と点$(-2,\ 5)$を通る直線だから，その式は，$y=-\dfrac{5}{2}x$

5 (1) y は x の 2 乗に比例するから，$y=ax^2$ とおける。

$x=9$ のとき $y=-27$ だから，

$-27=a\times9^2$, $a=-\dfrac{1}{3}$

したがって，式は，$y=-\dfrac{1}{3}x^2$

この式に $x=-6$ を代入すると，

$y=-\dfrac{1}{3}\times(-6)^2=-12$

(2) 関数 $y=ax^2$ で，y の変域が $y\geqq0$ だから，$a>0$ である。

これより，$y=ax^2$ で，x の変域が $-3\leqq x\leqq2$ のとき，グラフは右の図の実線部分のようになる。

したがって，関数 $y=ax^2$ は，$x=-3$ のとき $y=9$ だから，

$9=a\times(-3)^2$, $9=9a$, $a=1$

(3) x の増加量は，$8-4=4$

y の増加量は，$a\times8^2-a\times4^2=48a$

変化の割合は，$\dfrac{48a}{4}=12a$ と表せる。

これが-6だから，$12a=-6$, $a=-\dfrac{1}{2}$

6 (1) 放物線の式を $y=ax^2$ とおく。

$y=ax^2$ は点A$(-6,\ 9)$を通るから，

$9=a\times(-6)^2$, $9=36a$, $a=\dfrac{1}{4}$

したがって，式は，$y=\dfrac{1}{4}x^2$

(2) 点Bの x 座標を b とすると，

$6:b=3:4$, $24=3b$, $b=8$

点Bの y 座標は，$y=\dfrac{1}{4}\times8^2=16$

直線の式を $y=px+q$ とおく。

$y=px+q$ は 2 点A$(-6,\ 9)$，B$(8,\ 16)$ を通るから，$\begin{cases} 9=-6p+q & ……① \\ 16=8p+q & ……② \end{cases}$

①，②を連立方程式として解くと，

$p=\dfrac{1}{2}$, $q=12$

したがって，式は，$y=\dfrac{1}{2}x+12$

5日目 図形 ①

作図, 図形の計量, 空間図形, 角の大きさ

Step-1 >>> | **基本を確かめる** | ▶20ページ

解答

① (1) ① **B**　　　　② **半径**
　　 ③ **交点**　　　④ **CD**

② (1) ① 10　　② 144　　③ 8π
　　 ④ 10　　⑤ 144　　⑥ 40π

　　(2) ① 3　　　② 48π　　③ 3
　　 ④ 9π　　⑤ 48π　　⑥ 9π
　　 ⑦ 66π　　⑧ 9 (3²)　　⑨ 8
　　 ⑩ 72π

③ (1) ① **BC**　② **FG**　③ **DC**　④ **HG**
　　 (①～④は順不同)

④ (1) ① **同位角**　　② 75
　　 ③ **錯角**　　　④ 50

　　(2) ① 70　　② **和**　　③ 70
　　 ④ 70　　⑤ 140

　　(3) ① **円周角**　② 35　　③ 90
　　 ④ 90　　⑤ 90　　⑥ 35
　　 ⑦ 55

解説

① (1) **作図のルール**
- 使うことができるのは, 定規とコンパスだけである。ただし, 定規は直線をひくためだけに使い, 定規で長さをはかってはいけない。
- 作図をするときに使った線は, どのように作図したかがわかるように, 消さずに残しておく。

② (2) **円柱の表面積＝側面積＋底面積×2**
　　 円柱の体積＝底面積×高さ

③ (1) 辺AEとねじれの位置にある辺は, 右の図の4つの辺である。

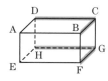

Step-2 >>> | **実力をつける** | ▶22ページ

解答

Ⅰ (1) (例)

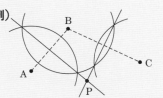

　　(2) (例)

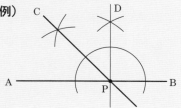

2 (1) 120°　　　　　(2) 10π cm²
　 (3) 52π cm²　　　(4) 18π cm³

3 (1) ×　(2) ×　(3) ○　(4) ×

4 (1) 35°　(2) 50°　(3) 37°　(4) 70°

5 (1) 108°　　　　(2) **正九角形**

6 (1) 25°　　　　(2) 40°

解説

Ⅰ (1) 2点A, Bからの距離が等しい点は, 線分ABの垂直二等分線上にある。

　 (2) 90°の角をかき, その角を2等分する。
　 (作図の手順)
　 ❶点Pを通るABの垂線PDを作図する。
　　　　——180°の∠APBの二等分線の作図。
　 ❷∠APDの二等分線を作図する。

2 (1) おうぎ形の弧の長さは, 半径が同じ円の

円周の $\dfrac{4\pi}{2\pi \times 6} = \dfrac{1}{3}$ より, 中心角も360°

の $\dfrac{1}{3}$ になるから, $360° \times \dfrac{1}{3} = 120°$

別解
おうぎ形の中心角を $x°$ とすると,
$2\pi \times 6 \times \dfrac{x}{360} = 4\pi$, $x = 120$

(2) $\pi \times 12^2 \times \dfrac{45}{360} - \pi \times 8^2 \times \dfrac{45}{360}$
$= 18\pi - 8\pi = 10\pi$ (cm²)

(3) 円錐の展開図は，右の図のようになる。

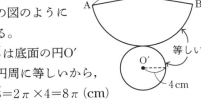

$\overparen{AB}$ は底面の円O′の円周に等しいから，

$\overparen{AB}=2\pi\times4=8\pi$ (cm)

側面積は，$\dfrac{1}{2}\times8\pi\times9=36\pi$ (cm²)

底面積は，$\pi\times4^2=16\pi$ (cm²)

表面積は，$36\pi+16\pi=52\pi$ (cm²)

(4) できる回転体は，右の図のような半球になる。

体積は，

$\dfrac{4}{3}\pi\times3^3\times\dfrac{1}{2}=18\pi$ (cm³)

3 直方体の辺を直線，面を平面とみて位置関係を調べる。また，正しくないことを示すには，正しくない例を1つ示せばよい。

(1) 右の図で，$\ell\perp m$，$\ell\perp n$
しかし，$m\perp n$ であり，
$m/\!/n$ ではない。
したがって，正しくない。

(2) 右の図で，$\ell/\!/P$，$m/\!/P$
しかし，$\ell\perp m$ であり，
$\ell/\!/m$ ではない。
したがって，正しくない。

(3) 右の図で，$\ell\perp P$，$\ell\perp Q$
このとき，つねに $P/\!/Q$ である。
したがって，正しい。

(4) 右の図で，$P\perp Q$，$Q\perp R$
しかし，$P\perp R$ であり，
$P/\!/R$ ではない。
したがって，正しくない。

4 (1) 右の図で，$\ell/\!/m$ で，
錯角は等しいから，
$\angle a=50°$
$\angle x=85°-50°=35°$

別解
右の図のような補助
線をひいてもよい。

(2) $\angle x+25°=30°+45°$ だから，
$\angle x=75°-25°=50°$

(3) AB=DB だから，
$\angle BDA=(180°-32°)\div2=74°$
AD=CD だから，
$\angle DAC=\angle x$
$\angle x+\angle x$
$=\angle BDA$ だから，
$2\angle x=74°$，$\angle x=37°$

(4) 平行四辺形のとなり合う角の和は180°だから，$\angle A=180°-110°=70°$
AB=EB だから，
$\angle AEB=\angle A$
$=70°$
AD//BC だから，
$\angle x=\angle AEB=70°$

5 (1) **n 角形の内角の和→$180°\times(n-2)$**
五角形の内角の和は，$180°\times(5-2)=540°$
これより，正五角形の1つの内角の大きさは，$540°\div5=108°$

(2) **多角形の外角の和→360°**
$360°\div40°=9$ より，求める正多角形は，正九角形。

6 (1) $\angle BAC=\dfrac{1}{2}\angle BOC=\dfrac{1}{2}\times140°=70°$

OA=OB だから，
$\angle OAB=\angle B=45°$
$\angle OAC=70°-45°$
$=25°$
OC=OA だから，
$\angle x=\angle OAC=25°$

(2) 半円の弧に対する円周角は90°だから，
$\angle BAC=90°$
$\angle CAD=90°-60°$
$=30°$
$\angle ACB=70°-30°=40°$
$\overparen{AB}$ に対する円周角は等しいから，
$\angle x=\angle ACB=40°$

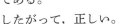

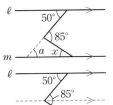
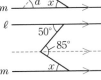
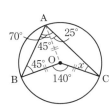
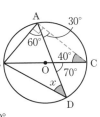

6日目 図形 ②

証明問題，相似，三平方の定理

Step-1 >>> 基本を確かめる ▶24ページ

解答

① (1) ①対頂角 ②∠COD ③∠CDO
④1組の辺とその両端の角

② (1) ①16 ②15 ③20
④12 ⑤24 ⑥18

(2) ①12 (BC) ②6 ③6 (AD)
④3 ⑤9

(3) ①2 ②3 ③4 ④9
⑤4 ⑥9 ⑦45

③ (1) ①8 ②6 ③64 ④36
⑤28 ⑥28 ⑦$2\sqrt{7}$

(2) ①2 ②$\sqrt{3}$ ③$2\sqrt{3}$ ④$2\sqrt{3}$
⑤$4\sqrt{3}$

(3) ①13 ②5 ③144 ④12
⑤5 ⑥12 ⑦$100\pi$

解説 ••••••••••••••••••••••••••••••

② (2) 点Eは辺ACの中点になる。
△ABC で，中点連結定理より，
$ME=\dfrac{1}{2}BC$
△ACD で，中点連結定理より，
$EN=\dfrac{1}{2}AD$

(3) 相似な図形の面積の比は，相似比の**2乗**に等しい。

③ (2) 1辺が a の正三角形の
高さ h と面積 S を求める
式は，

$h=\dfrac{\sqrt{3}}{2}a,\ S=\dfrac{\sqrt{3}}{4}a^2$

(3) 底面の円の半径が r，
母線の長さが ℓ の円錐
の高さを h とすると，

$h=\sqrt{\ell^2-r^2}$

Step-2 >>> 実力をつける ▶26ページ

解答

1 (1) 7 cm (2) 6 cm
(3) 1:7

2 (1) $x=2\sqrt{5}$ (2) 15 cm
(3) $54\sqrt{3}$ cm²

3 (1) $(32\sqrt{2}+16)$cm² (2) $\dfrac{32\sqrt{7}}{3}$ cm³

4 (1) （証明）（点Cを通り，ADに平行な
直線をひき，BAの延長との交点を
Eとする。）
AD∥EC で，
同位角は等しいから，
∠BAD=∠AEC ……①
錯角は等しいから，
∠CAD=∠ACE ……②
ADは ∠BAC の二等分線だから，
∠BAD=∠CAD ……③
①，②，③より，∠AEC=∠ACE
したがって，AE=AC ……④
AD∥EC で，三角形と比の定理から，
BA:AE=BD:DC ……⑤
④，⑤より，AB:AC=BD:DC

(2) 6 cm

5 （証明）△ABE と △ACD において，
仮定から，BE=CD ……①
∠ABC=∠ACB だから，
AB=AC ……②
$\overset{\frown}{AD}$ に対する円周角は等しいから，
∠ABE=∠ACD ……③
①，②，③より，2組の辺とその間の
角がそれぞれ等しいから，
△ABE≡△ACD

解説 ••••••••••••••••••••••••••••••

1 (1) △ABCと△DBAにおいて，
∠ACB=∠DAB(仮定)
∠ABC=∠DBA(共通)
2組の角がそれぞれ等しいから，
△ABC∽△DBA

対応する辺の比は等しいから，

AB：DB＝BC：BA，　12：DB＝16：12，

144＝16DB，　DB＝9

DC＝BC－DB＝16－9＝7（cm）

(2) △AECで，中点連結定理より，

EC＝2DF＝2×4＝8（cm）

また，DF∥EC

△BFDで，EG∥DF，BE：BD＝1：2

より，EG＝$\frac{1}{2}$DF＝$\frac{1}{2}$×4＝2（cm）

GC＝EC－EG＝8－2＝6（cm）

(3) 立体P，Qを合わせたもとの円錐を立体
Rとすると，PとRは相似で，相似比は，

4：(4＋4)＝4：8＝1：2

これより，PとRの体積の比は，

$1^3：2^3$＝1：8

したがって，PとQの体積の比は，

1：(8－1)＝1：7

2 (1) 直角三角形ABCで，三平方の定理より，

$AC^2＝AB^2＋BC^2＝3^2＋6^2＝9＋36＝45$

直角三角形ACDで，三平方の定理より，

$DC^2＝AC^2－AD^2＝45－5^2＝45－25＝20$

DC＞0 だから，$x＝\sqrt{20}＝2\sqrt{5}$

(2) 右の図のようなひ
し形になる。ひし
形の対角線はそれ
ぞれの中点で交わ
るから，

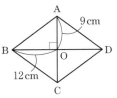

AO＝9cm，BO＝12cm

直角三角形ABOで，三平方の定理より，

$AB^2＝AO^2＋BO^2＝9^2＋12^2＝81＋144$

＝225

AB＞0 だから，AB＝$\sqrt{225}$＝15（cm）

(3) 正六角形の面積は，1辺が 6cmの正三
角形の面積の6つ分になる。

1辺が 6cmの正三角形の高さは $3\sqrt{3}$ cm
だから，その面積は，

$\frac{1}{2}$×6×$3\sqrt{3}$＝$9\sqrt{3}$（cm²）

したがって，正六角形の面積は，

$9\sqrt{3}$ ×6＝$54\sqrt{3}$（cm²）

3 (1) 側面の1つの二等辺
三角形OABは，右の
図のようになる。
頂点Oから辺ABに垂
線をひき，その交点
をHとする。

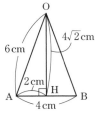

OH＝$\sqrt{6^2－2^2}$ ＝$\sqrt{32}$＝$4\sqrt{2}$ （cm）

△OAB＝$\frac{1}{2}$×4×$4\sqrt{2}$＝$8\sqrt{2}$ （cm²）

側面積は，$8\sqrt{2}$ ×4＝$32\sqrt{2}$ （cm²）

底面積は，4×4＝16（cm²）

表面積は，$32\sqrt{2}$ ＋16（cm²）

(2) 頂点Oから底面に垂線をひき，その交点
をKとすると，点Kは正方形ABCDの対
角線ACとBDの交点になる。

ACは1辺が 4cm の正方形の対角線だ
から，AC＝$4\sqrt{2}$ （cm）

これより，AK＝$4\sqrt{2}$ ÷2＝$2\sqrt{2}$ （cm）

△OAK は，右の図の
ような直角三角形に
なるから，

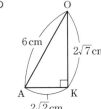

$OK^2＝OA^2－AK^2$

＝$6^2－(2\sqrt{2})^2$

＝36－8＝28

OK＞0より，

OK＝$\sqrt{28}$＝$2\sqrt{7}$ （cm）

したがって，体積は，

$\frac{1}{3}$×16×$2\sqrt{7}$ ＝$\frac{32\sqrt{7}}{3}$（cm³）

4 (2) DC＝$x$cmとする。

AB：AC＝BD：DCより，

12：8＝(15－x)：x，　12x＝8(15－x)，

12x＝120－8x，　20x＝120，　x＝6

7日目 データの活用

データの分析，確率，標本調査

Step-1 >>> | 基本を確かめる | ▶28ページ

解答

① (1) ① 15　　② 20　　③ 30
　　　④ 7　　　⑤ 0.35　⑥ 22.5
　(2) ① 6　　　② 10　　③ 7
　　　④

```
        ┌─────┬──────┐
   ├────┤     │      ├──────┤
        └─────┴──────┘
   0    5     10     15    20 (冊)
```

② (1) ① 36　　② 6　　③ 6　　④ $\frac{1}{6}$
　(2) ① 6　　　② 2　　③ 2　　④ $\frac{1}{3}$
③ (1) ① 12　　　　② $\frac{2}{5}$　　　③ $\frac{2}{5}$
　　④ $\frac{2}{5}$　　　　⑤ 280

解説 ·····

① (1) ③ 記録が25m以上の人は，4＋2＝6(人)
　　　$\frac{6}{20}$＝0.3 だから，30%
　　⑥ 最頻値は，20m以上25m未満の階級
　　　の階級値だから，$\frac{20＋25}{2}$＝22.5(m)
　(2) ④箱ひげ図をかくためには，データから
　　　最小値，最大値，第1四分位数，第2四
　　　分位数，第3四分位数の5つの値を求め
　　　る必要がある。
　　　このデータでは，
　　　最小値は2，最大値は15，第1四分位数
　　　は3，第2四分位数(中央値)は5と7の
　　　平均で6，第3四分位数は10。このうち，
　　　第1，第2，第3の四分位数の数値を結ん
　　　で箱をつくる。

Step-2 >>> | 実力をつける | ▶30ページ

解答

1 (1) 9
　(2) 10分以上15分未満の階級
　(3) イ 0.225　ウ 0.150　エ 0.100
　(4) オ 0.075　カ 0.275　キ 0.500
　　　ク 0.750　ケ 0.900　コ 1.000
　(5) 90%
2 (1) ×　(2) △　(3) △　(4) ○
3 (1) $\frac{1}{9}$　　　(2) $\frac{5}{18}$　　　(3) $\frac{1}{4}$
4 (1) $\frac{3}{5}$　　　(2) $\frac{9}{25}$
5 $\frac{1}{3}$
6 およそ1400個

解説 ·····

1 (1) 40－(3＋8＋10＋6＋4)＝9(人)
　(2) 通学時間の短いほうから，各階級の度数
　　　をたしていくと，3＋8＋9＝20(人)
　　　したがって，20番目の生徒が入る階級は，
　　　10分以上15分未満の階級。
　(3) 相対度数＝$\frac{その階級の度数}{度数の合計}$
　　　イ $\frac{9}{40}$＝0.225　ウ $\frac{6}{40}$＝0.150
　　　エ $\frac{4}{40}$＝0.100
　(4) 累積相対度数は，最小の階級からその階
　　　級までの相対度数の合計。
　　　オは最小の階級なので，相対度数が累積
　　　相対度数となる。
　　　カは，0.075＋0.200＝0.275
　　　キ以降も同様にたしていけばよい。
　(5) 通学時間が25分未満の生徒の人数は，
　　　3＋8＋9＋10＋6＝36(人)
　　　割合は，36÷40×100＝90(%)

　別解
　(4)ケの累積相対度数からも求められる。

2 (1) 範囲は，最大値－最小値で求められる。
　　　A組の範囲は15点，B組の範囲は14点な

ので，A組のほうが大きい。

(2) 中央値と平均値が同じになるとは限らない。

(3) 箱ひげ図では，中央値にあたる点数の人が何人いるかまではわからないので，必ずしも等しいとは言えない。

(4) 第3四分位数である15点は，最大値を含むほうの12個のデータから求めている。偶数個のデータなので，中央前後の数の平均を出しているため，必ず15点の人がいるとは限らない。

3 2つのさいころの目の出方は全部で36通り。

(1) 和が5になるのは，表の■の場合で4通り。
求める確率は，$\dfrac{4}{36} = \dfrac{1}{9}$

(2) 和が9以上になるのは，表の■の場合で10通り。
求める確率は，$\dfrac{10}{36} = \dfrac{5}{18}$

(3) 和が4の倍数になるのは，表の■の場合で9通り。
求める確率は，$\dfrac{9}{36} = \dfrac{1}{4}$

4 (1) 赤玉を❶，❷，❸，白玉を①，②として，玉の取り出し方を樹形図に表すと，下のようになる。

玉の取り出し方は全部で10通り。
玉の色が異なる取り出し方は6通り。
求める確率は，$\dfrac{6}{10} = \dfrac{3}{5}$

(2) 赤玉を❶，❷，白玉を①，②，青玉を❶として，玉の取り出し方を樹形図に表すと，下のようになる。

玉の取り出し方は全部で25通り。
玉の色が同じ取り出し方は9通り。
求める確率は，$\dfrac{9}{25}$

5 2枚のカードのひき方を樹形図に表すと，下のようになる。

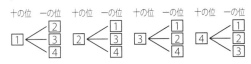

カードのひき方は全部で12通り。
3の倍数になるのは，12，21，24，42の4通り。
求める確率は，$\dfrac{4}{12} = \dfrac{1}{3}$

6 取り出した50個の玉における赤玉と白玉の個数の比は，5 : (50－5) ＝ 5 : 45 ＝ 1 : 9
はじめに袋の中に入っていた白玉を x 個とすると，150 : x ＝ 1 : 9，x ＝ 150×9 ＝ 1350
したがって，白玉の個数はおよそ1400個。

別解

> 取り出した50個にふくまれる赤玉の割合は，$\dfrac{5}{50} = \dfrac{1}{10}$
> これより，母集団における赤玉の割合も，$\dfrac{1}{10}$ であると推測することができる。
> 赤玉をふくめた玉全体の個数は，
> 150÷$\dfrac{1}{10}$ ＝ 1500（個）　だから，
> 白玉の個数は，1500－150 ＝ 1350（個）
> およそ1400個と考えることができる。

❶ (1) -28　　(2) -9　　(3) $50y$
　　(4) $-7a+6b$　(5) $-2\sqrt{3}$　(6) -1

❷ (1) 20　　　　(2) $(x+4y)(x-9y)$

　　(3) $c=-\dfrac{2}{3}a+b$　(4) $x=4,\ y=-5$

　　(5) $x=3\pm\sqrt{6}$

❸ (1) $32°$　　　　(2) $25°$

❹ (1)

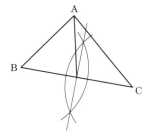

　　(2) $36\sqrt{5}\,\pi\,\mathrm{cm}^3$

❺ (1) $\dfrac{7}{36}$　　　　(2) $\dfrac{7}{18}$

❻ (1) $\begin{cases} x+y=900 \\ \dfrac{8}{100}x+\dfrac{14}{100}y=900\times\dfrac{10}{100} \end{cases}$

　　(2) 8%の食塩水…600g,
　　　　14%の食塩水…300g

❼ (1) $a=\dfrac{1}{2}$　　　(2) $b=-1,\ c=12$

　　(3) $10\sqrt{2}$　　　(4) $\mathrm{C}(0,\ 20)$

❽ (1) (証明) △ABDと△CFAにおいて,
　　仮定から, $\mathbf{AD=CA}$　　……①
　　　　　　　　∠ACF$=90°$　　……②
　　円の接線は, 接点を通る半径に垂直
　　だから, ∠DAB$=90°$　　……③
　　②, ③より,
　　　　∠DAB$=$∠ACF　　……④
　　半円の弧に対する円周角は$90°$だから,
　　　　∠AEB$=90°$　　……⑤
　　また,
　　　　∠ADB$=180°-$∠DAB$-$∠ABD
　　　　　　　$=180°-90°-$∠ABD
　　　　　　　$=90°-$∠ABD　　……⑥

　　　　∠CAF$=180°-$∠AEB$-$∠ABD
　　　　　　　$=180°-90°-$∠ABD
　　　　　　　$=90°-$∠ABD　　……⑦
　　⑥, ⑦より,
　　　　∠ADB$=$∠CAF　　……⑧
　　①, ④, ⑧より, 1組の辺とその両
　　端の角がそれぞれ等しいから,
　　　　　△ABD≡△CFA

　　(2) $13\,\mathrm{cm}$

❾ (1) $3\sqrt{3}\,\mathrm{cm}$　　　(2) $9\sqrt{2}\,\mathrm{cm}^2$
　　(3) $\sqrt{6}\,\mathrm{cm}$

［解説］

❶ (1) $12+8\times(-5)=12-40=-28$

　　(2) $(-6)^2\div(3-7)=36\div(-4)=-9$

　　(3) $-30xy^2\div\left(-\dfrac{3}{5}xy\right)=-30xy^2\times\left(-\dfrac{5}{3xy}\right)$
　　　　$=50y$

　　(4) $4(2a-b)-5(3a-2b)$
　　　　$=8a-4b-15a+10b=-7a+6b$

　　(5) $\sqrt{3}+\sqrt{12}-\sqrt{75}=\sqrt{3}+2\sqrt{3}-5\sqrt{3}$
　　　　$=-2\sqrt{3}$

　　(6) $(2\sqrt{6}+5)(2\sqrt{6}-5)=(2\sqrt{6})^2-5^2$
　　　　$=24-25=-1$

❷ (1) 代入する式を展開・整理してから, x の
　　値を代入する.
　　$(x-6)(x-9)-(x-7)^2$
　　$=x^2-15x+54-(x^2-14x+49)$
　　$=x^2-15x+54-x^2+14x-49$
　　$=-x+5=-(-15)+5=15+5=20$

　　(2) $(x+6y)(x-6y)-5xy$
　　　　$=x^2-36y^2-5xy$
　　　　$=x^2-5xy-36y^2$
　　　　$=(x+4y)(x-9y)$

　　(3) $a=\dfrac{3(b-c)}{2}$

　　　　$2a=3(b-c)$

　　　　$\dfrac{2}{3}a=b-c$

　　　　$c=-\dfrac{2}{3}a+b$

(4) $\begin{cases} 7x+4y=8 & \cdots\cdots① \\ 5x+6y=-10 & \cdots\cdots② \end{cases}$

①×3　　$21x+12y=24$
②×2　$\underline{-)10x+12y=-20}$
　　　　$11x\ \ \ \ \ \ \ \ =44,\ \ x=4$

②に $x=4$ を代入して，$20+6y=-10$
$6y=-30,\ \ y=-5$

(5) $(x-2)(x-4)=5,$
$x^2-6x+8=5,$
$x^2-6x+3=0$
解の公式にあてはめて，
$$x=\frac{-(-6)\pm\sqrt{(-6)^2-4\times1\times3}}{2\times1}$$
$$=\frac{6\pm\sqrt{36-12}}{2}=\frac{6\pm\sqrt{24}}{2}=\frac{6\pm2\sqrt{6}}{2}$$
$$=3\pm\sqrt{6}$$

❸ (1) 平行線の同位角は
等しいことと，三
角形の内角と外角
の関係より，
$\angle x=52°-20°=32°$

(2) $\angle BCD=90°$ だから，
$\angle D=180°-40°-90°$
$=50°$　よって，
$\angle A=\angle D=50°$
$AB=AC$ だから，
$\angle ABC=(180°-50°)\div2=65°$
$\angle x=65°-40°=25°$

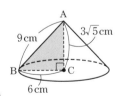

❹ (1) 作図する直線は，点Aと辺BCの中点を
通る直線である。

(2) できる立体は，右
の図のような円錐
である。
$AC=\sqrt{9^2-6^2}$
$=\sqrt{45}=3\sqrt{5}$ (cm)
円錐の体積は，
$\dfrac{1}{3}\pi\times6^2\times3\sqrt{5}=36\sqrt{5}\ \pi$ (cm^3)

❺ 2つのさいころの目の出方は全部で36通り。

(1) $a+b$ が5の倍数になる
のは，表の■の場合で
7通り。
求める確率は，$\dfrac{7}{36}$

(2) $\dfrac{a}{b}$ が整数になるのは，
表の■の場合で14通り。
求める確率は，$\dfrac{14}{36}=\dfrac{7}{18}$

❻ (1) 食塩水の重さは900gなので，
$x+y=900$　　$\cdots\cdots①$
濃度8%の食塩水xgにふくまれる食塩の
重さは，$x\times\dfrac{8}{100}$ (g)，
濃度14%の食塩水ygにふくまれる食塩の
重さは，$y\times\dfrac{14}{100}$ (g)，
濃度10%の食塩水にふくまれる食塩の重
さは，$900\times\dfrac{10}{100}$ (g)
$\dfrac{8}{100}x+\dfrac{14}{100}y=900\times\dfrac{10}{100}$　$\cdots\cdots②$

(2) (1)の連立方程式を解くと，
①×8　　　$8x+\ 8y=7200$
②×100　$\underline{-)\ 8x+14y=9000}$
　　　　　　　　$-6y=-1800$
　　　　　　　　　　$y=300$
①に $y=300$ を代入して，
$x+300=900,\ \ x=600$
8%の食塩水 600g，14%の食塩水 300g

❼ (1) $y=ax^2$ に点A$(-6,\ 18)$ の座標の値を代
入すると，
$18=a\times(-6)^2,\ \ 36a=18,\ \ a=\dfrac{1}{2}$

(2) 点Bの y 座標は，$y=\dfrac{1}{2}\times4^2=8$
これより，直線 $y=bx+c$ は2点
A$(-6,\ 18)$，B$(4,\ 8)$ を通る直線である。

(3) $AB=\sqrt{\{4-(-6)\}^2+(8-18)^2}$
$=\sqrt{10^2+10^2}=\sqrt{200}=10\sqrt{2}$

(4) △OAB＝△OAC
より，OA∥BC
これより，点Cは
点Bを通りOAに
平行な直線とy軸
との交点になる。

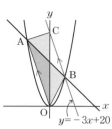

$y=-3x+20$

直線BCは，傾きが-3で，点B$(4,\ 8)$を
通るから，$y=-3x+20$
これより，点C$(0,\ 20)$

別解

△OABの面積を求める。
直線$y=-x+12$と
y軸の交点Dは，
D$(0,\ 12)$
△AODの面積は，
$\dfrac{1}{2}\times12\times6=36$
△OBDの面積は，
$\dfrac{1}{2}\times12\times4=24$
△OABの面積は，
$36+24=60$

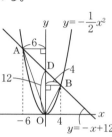

$y=-\dfrac{1}{2}x^2$

$y=-x+12$

Cはy軸上の正の部分の点なので，
C$(0,\ z)$とすると，
△OAB＝△OACより，
$\dfrac{1}{2}\times z\times6=60,\ 3z=60,\ z=20$
したがって，C$(0,\ 20)$

8 (2) △ABDで，三平方の定理より，
AB$=\sqrt{20^2-12^2}=\sqrt{256}=16$(cm)
(1)より，AB＝CF だから，CF＝16cm
AD＝CA だから，CA＝12cmより，
BC＝16－12＝4(cm)
GC∥DAより，BC：BA＝GC：DA，
4：16＝GC：12，GC＝4×12÷16＝3(cm)
したがって，FG＝16－3＝13(cm)

9 (1) △ACEは，AE＝3cm，∠ACE＝30°，
∠CAE＝60°の直角三角形だから，
AE：CE＝1：$\sqrt{3}$，3：CE＝1：$\sqrt{3}$，
CE＝$3\sqrt{3}$(cm)

(2) △ECDは，右の図
のような二等辺三
角形になる。
EK$^2=(3\sqrt{3})^2-3^2$
$\quad=27-9=18$
EK＞0 より，
EK$=\sqrt{18}=3\sqrt{2}$(cm)
△ECD$=\dfrac{1}{2}\times6\times3\sqrt{2}=9\sqrt{2}$(cm^2)

(3) BE⊥EC，BE⊥EDより，BE⊥面ECD
三角錐BECDで，△ECDを底面とみると，
高さはBEになるから，その体積は，
$\dfrac{1}{3}\times9\sqrt{2}\times3=9\sqrt{2}$(cm^3)
また，三角錐BECDで，△BCDを底面
とみると，高さはEHになるから，
$\dfrac{1}{3}\times\left(\dfrac{1}{2}\times6\times3\sqrt{3}\right)\times$EH$=9\sqrt{2}$
EH$=\dfrac{9\sqrt{2}}{3\sqrt{3}}=\dfrac{3\sqrt{2}}{\sqrt{3}}=\sqrt{6}$(cm)

別解

辺CDの中点を
Mとする。
EM＝EK
$\quad=3\sqrt{2}$(cm)

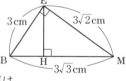

△EBMと△HEMは
相似な直角三角形だから，
EB：HE＝BM：EM
3：HE＝$3\sqrt{3}$：$3\sqrt{2}$
HE$=\dfrac{3\sqrt{2}}{\sqrt{3}}=\sqrt{6}$(cm)

模擬試験 第2回 ▶36ページ

❶ (1) $-\dfrac{2}{9}$　　(2) -15

(3) $\dfrac{5x-11y}{12}$　　(4) $-6x$

(5) $-\sqrt{5}$　　(6) $9-6\sqrt{2}$

❷ (1) 3　　(2) $x=18$

(3) $x=-4,\ x=5$　(4) $y=-\dfrac{18}{x}$

(5) $\dfrac{9}{10}$

❸ (1) $105°$　　(2) $25°$

❹ (1) $6\,\mathrm{cm}$　　(2) $2\sqrt{3}\,\mathrm{cm}$

❺ 45

❻ (1) ⑦　　(2) ④　　(3) ⑦

❼ (1) 4　　(2) 6

(3) $a=-\dfrac{1}{4}$　　(4) $64\pi\,\mathrm{cm}^3$

❽ (証明)　△ABEと△EBFにおいて，
仮定から，∠ABE＝∠EBF　……①
$\overparen{BC}$に対する円周角は等しいから，
∠BAE＝∠BDC　　……②
EF∥DCで，同位角は等しいから，
∠BEF＝∠BDC　　……③
②，③より，∠BAE＝∠BEF……④
①，④より，2組の角がそれぞれ等し
いから，△ABE∽△EBF

❾ (1) $120°$　　(2) $36\pi\,\mathrm{cm}^2$

(3) $18\sqrt{2}\,\pi\,\mathrm{cm}^3$　(4) $9\sqrt{3}\,\mathrm{cm}$

［解説］

❶ (1) $\dfrac{4}{9}-\dfrac{1}{2}\div\dfrac{3}{4}=\dfrac{4}{9}-\dfrac{1}{2}\times\dfrac{4}{3}$

$=\dfrac{4}{9}-\dfrac{2}{3}=\dfrac{4}{9}-\dfrac{6}{9}=-\dfrac{2}{9}$

(2) $(-2)^3+(2-3^2)=-8+(2-9)$

$=-8-7=-15$

(3) $\dfrac{2x+y}{3}-\dfrac{x+5y}{4}$

$=\dfrac{4(2x+y)-3(x+5y)}{12}$

$=\dfrac{8x+4y-3x-15y}{12}$

$=\dfrac{5x-11y}{12}$

(4) $(x+4)(x-4)-(x-2)(x+8)$

$=x^2-16-(x^2+6x-16)$

$=x^2-16-x^2-6x+16$

$=-6x$

(5) $\sqrt{45}-\dfrac{20}{\sqrt{5}}=3\sqrt{5}-\dfrac{20\sqrt{5}}{5}$

$=3\sqrt{5}-4\sqrt{5}=-\sqrt{5}$

(6) $(\sqrt{3}-\sqrt{6})^2=3-2\sqrt{18}+6=9-6\sqrt{2}$

❷ (1) $x^2-14x+49=(x-7)^2=(7-\sqrt{3}-7)^2$

$=(-\sqrt{3})^2=3$

(2) $24:x=4:3,\ 4x=72,\ x=18$

(3) $x^2+4x-12=5x+8,\ x^2-x-20=0,$

$(x+4)(x-5)=0,\ x=-4,\ x=5$

(4) 求める式を$y=\dfrac{a}{x}$とおく。$x=3$のとき

$y=-6$だから，

$-6=\dfrac{a}{3},\ a=-18$

したがって，式は，$y=-\dfrac{18}{x}$

(5) (少なくとも1個は白玉である確率)
＝1－(2個とも赤玉である確率)より，

$1-\dfrac{1}{10}=\dfrac{9}{10}$

❸ (1) 点BとDを通る
直線をひく。

∠x＝∠ADE＋∠CDE

　　＝∠A＋∠ABD

　　＋∠C＋∠CBD

　　＝∠A＋∠B＋∠C

　　＝25°＋50°＋30°

　　＝105°

(2) 点BとDを結ぶ。
∠BDC＝90°だから，
∠ADB＝115°－90°

　　　＝25°

$\overparen{AB}$に対する円周角
は等しいから，∠x＝∠ADB＝25°

❹ (1) AB∥CD だから，AQ：DQ＝AB：DC，
AQ：DQ＝10：15＝2：3
PQ∥CD だから，AQ：AD＝PQ：CD，
2：(2＋3)＝PQ：15，2：5＝PQ：15，
$$PQ＝\frac{2×15}{5}＝6（cm）$$

(2) 立方体の1辺の長さを$x$cmとすると，対角線の長さは，
$$\sqrt{x^2＋x^2＋x^2}＝\sqrt{3}\,x（cm）$$
よって，$\sqrt{3}\,x＝6$，$x＝\dfrac{6}{\sqrt{3}}＝2\sqrt{3}$（cm）

❺ もとの正の整数の十の位の数を x，一の位の数を y とする。
$10x＋y＝5(x＋y)$　……①
十の位の数と一の位の数を入れかえてできる整数は，$10y＋x$ と表せるから，
$10y＋x＝10x＋y＋9$……②
①，②を連立方程式として解くと，
$x＝4$，$y＝5$
もとの正の整数は45となり，これは問題にあっている。

❻ (1) 四分位範囲と中央値が左によっているので，左に分布がかたよっているヒストグラムの㋑を選ぶ。

(2) 四分位範囲は，全データのうち，中央値周辺のほぼ半数のデータの分布を表している。中央より右側にかたよっているので，ヒストグラムも中央より右側に多くのデータがかたよっている㋐を選ぶ。

(3) 四分位範囲がほぼ中央にあるので，分布が中央にかたよっていて，ほぼ左右対称なヒストグラムの㋒が正解。

❼ (1) x の増加量は，$6－2＝4$
y の増加量は，$\dfrac{1}{2}×6^2－\dfrac{1}{2}×2^2＝16$
変化の割合は，$\dfrac{16}{4}＝4$

(2) 点Aの y 座標から点Cの y 座標をひく。
$$\frac{1}{2}×4^2－\frac{1}{2}×4＝8－2＝6$$

(3) CB＝AC＝6だから，点Bの y 座標は，
$2－6＝－4$　よって，B(4，-4)
$y＝ax^2$ に $x＝4$，$y＝－4$ を代入して，
$－4＝a×4^2$，$a＝－\dfrac{1}{4}$

(4) できる立体は，右の図のような2つの円錐を底面で合わせた立体である。 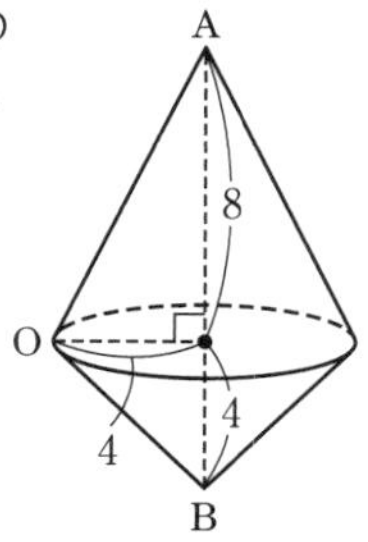
その体積は，
$$\frac{1}{3}\pi×4^2×8$$
$$＋\frac{1}{3}\pi×4^2×4$$
$$＝\frac{1}{3}\pi×4^2×(8＋4)＝64\pi（cm^3）$$

❾ (1) $360°×\dfrac{2\pi×3}{2\pi×9}＝120°$

(2) 側面積は，$\pi×9^2×\dfrac{120}{360}＝27\pi（cm^2）$
底面積は，$\pi×3^2＝9\pi（cm^2）$
表面積は，$27\pi＋9\pi＝36\pi（cm^2）$

(3) 円錐の高さは，$\sqrt{9^2－3^2}＝\sqrt{72}＝6\sqrt{2}$（cm）
円錐の体積は，
$$\frac{1}{3}\pi×3^2×6\sqrt{2}＝18\sqrt{2}\,\pi（cm^3）$$

(4) 最短のひもの長さは，右の側面の展開図で，線分AA′の長さになる。 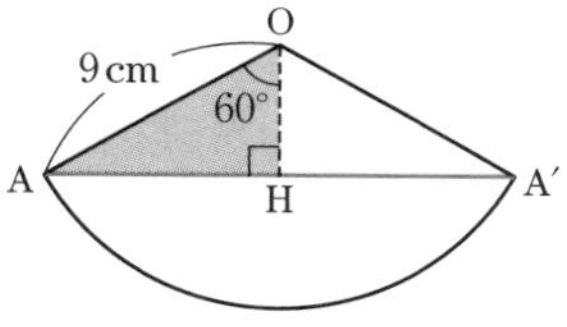
AO：AH＝2：$\sqrt{3}$ だから，
$$AH＝\frac{9×\sqrt{3}}{2}＝\frac{9\sqrt{3}}{2}（cm）$$
$$AA′＝\frac{9\sqrt{3}}{2}×2＝9\sqrt{3}（cm）$$